女性

Essential knowledge and skills of creating Female figure.

人形

製作技法

前言
想讓人擺上女性人形的戰車隊

撰文／ローガン梅本
Described by Umemoto Ro-gan

「想擺上女性人形的戰車隊」早期的作品。為了知道有女性出現的情景模型，以及只有男性軍隊的一般情景模型哪個較受模型師與一般民眾的青睞。我做了個實驗，就是將作品帶至靜岡 HOBBY SHOW，並邀請以男星石坂浩二先生為首，還有田宮俊作會長等模型業界翹楚，以及參與聯合展出的模型師，另外也包含帶小孩前來參觀的媽媽甚至是外國人，總計100人來選出他們比較喜歡哪個作品。結果以些微之差，由前者勝出。其中比較有趣的是，較少接觸模型的女性或小孩多半選了只有男性軍隊的一般情景模型，所以從結果來看，絕大多數的模型師「果然」都是男的呢。

戰車配上女高中生，如今這樣的設定反而讓人覺得習以為常，其實這一切都要歸功於動漫卡通《少女與戰車》的推波助瀾。

不過，我在《Armour Modelling》月刊上開始在戰車情景模型中放入女性人形之初，當時還算是少數派中的少數。當初其實並沒有特別去思考為什麼要將女性人形擺在戰車上，除了很單純正向地喜歡女性外，也想藉此標新立異一下。雖說我的比例模型師資歷即將邁入50年，卻完全不知道動漫或電玩中，美少女角色的魅力與有趣之處究竟為何。

不過，就在自己實際著手製作女性人形，為了改造而截下大腿，又是黏合，又是搓啊搓地打磨後，發現明明是這麼小尺寸的模型，卻能在我心中燃起奇特的騷動。

此時此刻，我才真正見識到女性人形的魅力所在，以及存在的價值。

接著要來說說《Armour Modelling》月刊的連載「製作不管怎樣都有搭乘女人的戰車情景」。原本還在想說，既然戰爭期間的軍隊小歌歌詞都高唱著「不能搭乘女人的戰車隊」，我的想法一定會遭到戰車模型師兄們的激烈反對，沒想到他們卻非常鼓勵，還紛紛表示「很期待這個月的雜誌會出現怎樣的女性」。

於是，我便有了在戰車情景模型配置女性人形的想法，並打算讓此想法掀起一陣潮流。不過，女性人形的產品數量本身就很稀少，以右上方的九七式中戰車為例，我就只能拿男性人形加工成女性。另外，還必須用直立站姿的女性改造成各種不同的動作姿勢。實在是無計可施，於是委請 Figure MEISTER 平野義高老師製作原型，並由 MODELKASTEN 推出擺出掃射機關槍姿勢、1/35 比例的射出成型塑膠模型「MG Girls」女性人形組。

當時我心想，如此一來女人即將制霸情景模型，結果卻發現人形組不怎麼賣座。但我並沒有因此受挫，心想著如果戰場情景沒人愛，那轉換成一般生活的普通場景總可以吧？於是又接著企劃了1/35 比例的女高中生人形系列。女高中生系列還算熱賣，當時便期待著「女高中生情景模型就要開始爆紅了，肯定會爆紅呢！」竟然還是押錯寶。我心想，一定是因為只有女高中生人形，卻沒有打造周圍情景的小東西、成人女性、男高中生人形的關係，期間甚至也努力說服其他廠商製作相關產品，但對方整個就是興致缺缺，也使得女高中生系列自然消滅。

不過，烏克蘭的製造商也是在那段期間開始持續推出女性人形，終於在《少女與戰車》的加持下爆紅。最近就連長谷川這等大型製造商也都持續推出女性人形商品。讓我不禁感慨，模型師的個性「果然都很MAN」。

INDEX

U.S M5A1 STUART Light Tank
Joy of liberation
The M5 Light Tank is a light tank developed in the United States and used by the Allied Forces during World War II, and is an improved version of the M3 light tank. Like the M3 light tank, it was called by Stuart's nickname.

本書是以 Armour Modelling 月刊 2019 年 5 月號
大幅新增、修改內容後，重新編輯出版

「製作美女不設限」
的時代終於到來！

當我在《Armour Modelling》月刊2010年8月號開始連載「製作美女不設限」的女性人形特輯時，正好前去採訪吉卜力的宮崎駿導演，當時他劈頭就對我說：「既然要做，就要做出讓秋葉系那些人也激動不已的女性人形喲！」

當時就如同森永大師圖解的情況，不單是秋葉系，就連單純做出「讓人激動不已」的女性人形，最後也是以失敗收場，其中甚至還有報導蒐集女性人形的「美女大賽」文章呢。

與其說是以秋葉系為對象，其實當時對這塊範疇有興趣的模型師都想著該如何讓自己激動不已，於是拿著為數稀少的女性人形做各種嘗試，經歷一番苦戰。筆者印象中歷史最悠久的1/35射出成型塑膠模型組的女性人形，應該是Italeri的Schwimmwagen水陸兩棲車模型組附贈的德軍女性輔助兵。森永大師描繪時做了相當的美化，當我在模型店找到這組商品，開箱後看了實際的射出成型品卻整個傻眼，就是想激動，內心卻興不起半點漣漪。這樣的經驗更是一而再再而三地不斷累積。

自當時的特輯月刊算起，約莫過了10年，女性人形的發展也出現明顯改變。現在除了不斷有女性人形產品上市外，品質也相對提升，只要好好練習如何塗裝上色，就能讓女性人形發揮無限可能，實在讓人變得幸福無比呢。

ローガン梅本■

享受女性人形之趣正是現在！

女性人形究竟是怎樣的世界？接下來又會如何發展？
滿滿的懷古話題以及充滿願景的未來，就請讀者細細咀嚼兩位模型師的對談吧。

國谷忠伸
Tadanobu Kuniya

1968 年出生，現居福島縣。職業人形塗裝師，時常於《Model Graphix》月刊與《Armour Modelling》月刊發表作品，同時也是擅長為廠商製作彩色樣本的多元玩家。

近幾年，不少製造商都持續推出新商品，只要在社群網站放上完成照，基本上都會受到關注。身為一名模型師，就無法忽略「女性人形」的發展氣勢。不過，為什麼會掀起這股女性人形浪潮呢？一路關注人形發展的專業人形塗繪師國谷忠伸，以及「真實人形店」店長木內一夫將分別站在「塗裝者」與「販賣者」兩個不同的觀點，探討女性人形的變遷與現今。

木內：以前如果想買TAMIYA除外的人形產品其實很難呢。我小時候會看的模型雜誌上曾出現一間名為「モデルエース」模型店的廣告，廣告裡都是沒見過的人形。因為我沒有零用錢，沒辦法購買。不過我記得廣告出現的是希特勒、墨索里尼，還有另一個忘記是誰，總共三人。聽說平野義高老師有透過郵購買下，當時似乎賣3800日圓？結果，商品寄到時打開一看，裡頭竟然只有一尊人形（笑）。雖然這件事年代久遠，不過只要想想辦法，在日本還是能買到人形的。然而，有賣的店家確實不多，一些偏遠的地方也只能透過廣告接收到資訊。現在看起來可是非常不可思議的呢。

國谷：我現在51歲，小學時曾看過Hobby Japan代理出版，軍事模型師Sheperd Paine撰寫的《如何製作情境模型（*How to build DIORAMAS*）》（譯註：台灣是由尖端出版發行）。書裡頭不是很多人形嗎？這也是我第一次意識到原來有這麼多的人形！

木內：「TAMIYA的軍事人形系列」當道的世代其實都有受到《如何製作情境模型》和Francois Verlinden大師作品集的影響呢。順帶一提，說到人形的話，日本的情況會比其他國家特殊。回溯歷史探討究竟是先有人形模型還是先有車輛模型時，會發現歐美是先有人形模型。

國谷：甚至還有鉛製的軍隊人形呢。

木內：不過日本卻是先有車輛模型，人形的話，大家所想到的都是車輛（戰車）塑膠模型組內附的人形。有些人塗裝這些附贈的人形後開始變得很有心得，也終讓人形獨自走出自己的文化。還有，歐美並不會特別去把人形區分成男性與女性，換言之，「女性人形」這個名稱其實就已經是日本獨創，人家可沒有在分歷史類還是軍事類。而且，拿破崙時代的軍隊也算是軍事類，派遣至現今伊拉克的軍隊亦可歸類成歷史類。

國谷：所言甚是呢！

木內：回溯這次主題要探討的女性人形，會發現以前能夠取得的1/35女性人形，大概就只有Italeri Schwimmwagen水陸兩棲車模型組內附的姐姐了（圖**1**，刊載於P.11）。外盒彩圖不怎麼樣卻很有味道，而盒中的實物可就厲害了（笑）。

木內：另外，如果要在說塑膠模型的話，還有一個讓我超SHOCK的，就是TAMIYA推出的「二戰蘇聯 休息中的坦克車組員」了（圖**2**）。我那時在另一間店工作，這組可真是賣到嚇嚇叫呢。

國谷：你是在說大西將美大師把外盒藝術發揮到極致的那組對吧。開箱後甚至會讓人有點失望……，近幾年似乎常遇見這種情況呢。

木內：是啊。偶爾也會出現相反的情況。像「JULIUS MODEL」這家製造商就推出了非常多的女性人形產品（圖**3**），不只售價便宜，種類也很多，但是外包裝的成品參考圖卻不怎麼樣。負責JULIUS MODEL人形塗裝的Erwin.Shih原型師甚至也表示「希望外包裝（成品參考圖）能更漂亮些」。不過模型組本身給人的印象並沒有外包裝那麼糟，品質說真的還不錯哦。再加上售價便宜，所以賣得很好喔。

國谷：我也買了很多（笑），即便如此，女性人形還是沒有像現在這麼受到注目。

木內：說到這個，剛才提到的「如何製作情境模型」書中，有出現Sheperd Paine塗裝的女性醫務兵，你不會想問「哪裡買的到那尊女性醫務兵」嗎？

國谷：沒錯！現在想想，有沒有被那尊女性

醫務兵吸引，可是關係到會不會墜入女性人形的世界呢，那也成了女性人形發展的分水嶺。《如何製作情境模型》大概是1980還是81年出版……當時正值鋼彈熱潮，我們這個世代最熟悉的就是《機動戰士鋼彈》的塑膠模型，也是鋼彈人物角色系列中雪拉的人形。因為雪拉的頭身比例較接近實際人類，當時就把她拿來改造呢。之後更進階參加了TAMIYA舉辦的「人形改造大賽」呢。人形改造大賽也開始高手雲集，讓更多人沉浸在人形單品的樂趣中。

木內：是啊，人形文化雖然變得更加壯大，不過「女性人形」的觀點卻仍尚未成熟。日本人太過死腦筋，當時大多數的模型師都還心存「戰場應該沒有女性吧」的刻板印象呢。既然有人完全被《如何製作情境模型》吸引，當然就會有人一點感覺也沒有，這是很正常的。

國谷：沒錯。而女性人形開始有所發展，應該就是《新世紀福音戰士》熱潮的時候了吧。原本未受到關注的女性人形在這時被稱為美少女人形，多虧了綾波掀起的旋風，讓一般人也開始注意到女性人形。接著過了一陣子，大概是從2000年開始吧？軍事模型界也開始出現愈變愈多的女性人形。

木內：差不多是那個時候，我們店裡也終於開始販售女性人形。現在才敢說出來，其實我當時對於引進女性人形商品可說興趣缺缺。

國谷：唉啊，怎麼又這麼說了。

木內：因為絕大多數會選購女性人形的客人都會說「戰場上應該是沒有女人才對吧……」這都會讓我覺得對方似乎不太心存好意。不過說真的，商品可是很賣座呢（笑），大家說的跟做的都不太一樣。

國谷：大家會這麼說，應該是為了掩飾害羞吧。當時女性人形還是帶點見不得人的感覺。

木內：說到這個，我想起來了。以前西班牙原本有一間名叫「Fontegris」的歷史類模型製造商（現已歇業），發行過4款女性人形。我記得第一款作品很像穿著修車工作服的俄軍女子戰車兵，人形的整體結構非常精美，於是進貨試著賣賣看，果真很受歡迎呢。就在下單了幾次之後，對方竟然來信詢問「為什麼這款商品賣這麼好？只有日本下單下成這樣耶」（笑）

國谷：日本人愛碎唸，卻又是買最多的那群。（笑）

木內：真的是這樣。剛才提到的JULIUS MODEL還有這裡的Fontegris女性人形都很熱賣。

國谷：木內老闆也有銷售平野老師製作原型的人形系列對吧？像是大將モデリング出品的德國通訊隊之類。

木內：是啊。平野老師會以原型師的身分，和許多店家合作販賣商品，我當初獨立開店時，就接到希望能銷售平野老師系列商品的詢問，於是推出了大將モデリング品牌以及包含平野老師人形作品的yosci系列。有一次我聊到Fontegris女性戰車兵的時候，平野老師附和著「我自己也有這樣的想法」，所以才會有那尊穿著削肩背心的姊姊（圖❹），當初這尊可是……。

國谷：超級熱賣呢。

木內：沒錯。不過，拿來結帳的客人總會說「這沒辦法用在模型裡啊……」（笑）。

國谷：感覺就像在跟你掛保證一樣。

木內：買這尊人形的顧客中，還有一些人表示「能推出穿著像樣制服的人形該有多好」。於是跟平野老師商量後，還真的推出了穿著像樣制服的版本，但是卻毫不賣座（笑）。銷售比大概是10：1的反差吧。

國谷：果然是穿少一點的比較受歡迎。說到削肩背心，當1/35及1/24比例的女性人形數量還相當稀少，沒什麼人關注的時候，BRICK WORKS推出了「Maschinen Krieger」用的人形──「1/20 Lopez Takako」（圖❺），結果一炮而紅，真的非常厲害。

木內：當初真的很受歡迎呢。

國谷：負責原型設計的是林浩己老師，也因為商品暴紅讓老師相當受到歡迎。這時似乎也開始出現只塗裝女性人形的消費者群，甚至可以認定這個轉變更確立了真實系女性人形的類別。接著這群消費者更將觸手伸往不同類型或其他比例大小的女性人形，進而造就了當今的女性真實人形熱潮。

木內：林老師最厲害的地方在於就連女性顧客也會購買他的人形呢。以我的經驗而言，女性到了一定的年紀，似乎會比較排斥動漫風格設計的女性人形，所以林老師的人形魅力，就在於「是連女性消費者也會想要動手塗裝的真實人形」。

國谷：沒錯。雖然這樣的人形也曾被批評就像是能劇的面具一樣，不過換個角度思考，正因為造型普通，不帶過度強烈的印象及個人癖好，反而讓消費者更好發揮。

木內：還有，塗裝女性人形的話，女性模型

木内一夫
Kazuo Kiuchi

1965年出生，現居千葉縣。東京秋葉原真實人形專賣店「ミニチュアパーク」的店長。已為《Armour Modelling》月刊的女性人形連載執筆超過10年。

師的表現絕對優於男性。因為她們每天都在塗繪自己的臉，所以與男性相比，有差異的不只是技術，還有作業花費的時間。她們清楚知道怎麼畫會有怎樣的呈現。

國谷：如果能因為這樣讓女性變得心應手，塗裝出更多作品的畫，整體水平一定就能往上提升呢。

木內：對啊。我發現女性多半都屬於「總之先嘗試看看」的類型，男性則是工欲善其事必先利其器（笑）。哪枝畫筆好、哪款漆料好，都先專注於工具上。

國谷：兩者的反差真的很大。還有，男女對於美的感覺也是完全不同，欣賞用女性觀點完成的作品時，經驗程度其實不輸男性呢。

木內：對了，你在塗裝人形時，會參考化妝類的書籍嗎？

國谷：會耶。我這歐吉桑可是會在書店購買當今最潮流的美妝書籍喲（笑）。不過很多內容就算讀了也不懂，這時就會覺得有太太的人真好，因為不懂可以立刻問太太。

木內：我不會買美妝類的書，塗裝人形時，頂多就是拿性感寫真集做參考。不過我太太給的意見都還蠻精闢。舉例來說，「配色」這個詞是我太太教我的，之後在看《Model Graphix》月刊的時候，鋼彈模型文章中就有出現配色一詞，我才知道「原來是在說這個啊！」與流行完全沾不上邊的人對於這些當然是一竅不通，甚至會覺得「女生的衣服應該只需要塗上超亮眼的原色就可以了吧！」接著就被批評「如果真有人穿著這種顏色的衣服應該會把人嚇跑吧！」真心覺得處理女性人形時，一定要站在女性的立場才行。

國谷：言歸正傳，在過去不段累積嘛，感覺目前發展來到最佳狀態了呢。ローガン梅本老師在《Armour Modelling》月刊（以下略稱AM）的「低階技術指南」連載中也不斷提到「要讓女性露面啊」，從當時算起，其實也已超過10年之久，也讓女性人形默默地鞏固發展基礎。所以女性人形並非瞬間爆紅，而是透過長久以來的累積啊。

木內：對啊。女性人形從以前就一直存在。真的要感謝當女性人形還沒人關注時便很有耐心地給予支持的人們。

國谷：有點忘記是什麼時候了，曾有人覺得如果女性人形不帶點情色感，就無法對消費者形成訴求。就以公主人形為例，對某些人而言，公主的存在本身就讓人覺得煽情，他們認為如果不為公主人形注入點性方面的要

素，就會使人形的魅力減半。但是，如果太過露骨的話，卻只會讓人形變得很低級罷了。

木內：比較困難的地方在於如果不呈現出身體線條的話，就很難發揮人形應有的魅力。真正的軍人制服在設計上並沒有展現出腰身線條較女性的部位。至於戰鬥服的話，套上防彈衣後便無法辨別是男是女。所以在這方面的拿捏就變得很困難，若說要百分百追求真實，人形穿著的服裝完全看不出身體線條，裙子長度也比照實際軍裝，那麼呈現上或許充滿真實性，不過思考後卻又發現，這並非自己想追求的感覺。

國谷：你說的是Q版人形對吧，這其實也會直接關係到3D掃描。如果是把真實的軍裝女性做3D掃描的話，體型較讓人避想的部分都會被淡化掉。這時，就會與特別強調這些部位的Q版人形做比較，看看哪款比較賣座。這都取決於要不要保有避想元素？直接將3D掃描列印成立體人形究竟好不好？其實也是在探討為什麼要讓女生看起來漂漂亮亮的。

國谷：這也意味著，就算手捏人形、3D掃描人形、Q版人形排列做比較，基本上也沒辦法去淘汰任一種人形。

木內：沒錯。在過去，能成為原型師的人可都是萬中之選，不過3D造型軟體問世後，某個層面來說，任何人都有機會成為原型師。譬如說在網路上看見想製作的人形，那麼只要有經費就有機會，與過去的相比，不只是製造商，就連銷售商品的難度的確也不如以往那麼高。

國谷：不過數量上是否能取得平衡，這就很微妙了。

木內：如果真要這麼深入，似乎也不用在書店購買AM雜誌了（笑）。

國谷：不過，正如同許多人表示「還是比較喜歡紙本書」一樣，也是有人喜歡「手捏人形」。3D掃描雖然能做出一模一樣的人形，但卻也有不少人認為，用手捏製的反而更像。

木內：塗裝的難易度也有差呢。接下來或許會有所改變，不過像是皺紋愈細小的話，沒有加以整理將會很難塗裝。所以數據掃描後並非直接就能使用，而是必須確實整理，才能使塗裝作業較輕鬆。

國谷：未來或許也能直接在電腦上塗繪顏色呢。說不定還會開發出林 浩己老師風格的上色軟體。

木內：這就要看我們能否在有生之年遇到了。說不定未來會變成「這位國谷老師是日

本唯一一位用畫筆塗裝人形的國寶……」的時代呢（笑）。

國谷：如果技巧愈來愈差，畫筆塗裝本身說不定真的會失傳呢……（笑）。不過，至少現在無論生產方還是銷售方的熱忱都非常有價值，讓世界上充滿各式各樣的女性人形。很希望過去心中始終認為「這麼說是沒錯，不過……」一直猶豫不決的人，也能試著去了解究竟有哪些女性人形產品。

木內：女性人形的產品為數眾多，我相信一定會有吸引他的人形。

國谷：還有，現在無論是漆料或塗裝法也都變得很多元，豐富的程度更是當年受《如何製作情境模型》吸引時所無法想像。只要你有一絲絲的興趣，我認為都應該嘗試看看。讓大家知道女性人形不再默默無名，上不了檯面了。

木內：的確……當前環境若不展開行動，更待何時呢？可說是萬事俱備，只欠東風了。

2019年10月於ミニチュアパーク■

MILITARY MINIATURES
1/35 RUSSIAN ARMY TANK CREW AT REST
1/35 ミリタリーミニチュアシリーズ NO.214
ソビエト戦車兵小休止セット
人形6体セット・造塗所発売

TAMIYA

1 Italeri Schwimmwagen 水陸兩棲車模型組內附的人形。2 因大西大畫家精湛的外盒繪圖而大熱賣的 TAMIYA 二戰蘇聯 休息中的坦克車組員。3 JULIUS MODEL 的產品包裝。4 平野老師負責原型設計的俄軍女子戰車兵 Natalie。5 BRICK WORKS 推出的 1/20 Lopez Takako。

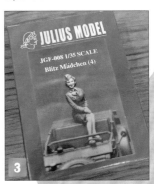

JULIUS MODEL

JGF-008 1/35 SCALE
Blitz Mädchen (4)

©Kow Yokoyama 2009

製作女性人形的注意事項

塗裝女性人形時，會使用哪些塗料？

硝基漆

●特色為漆膜強度高，乾燥時間短。日本國內許多模型師主要都會用硝基漆作為基本塗裝，顏色種類也相當豐富。

○ 以硝基漆塗裝人形時，優點在於乾燥時間短。由於人形必須重複塗裝並等待乾燥，當人形數量愈多，縮短時間便更加重要。此外，硝基漆的獨特光澤最適合重現肌膚感。

✕ 硝基漆的成分含有有機溶劑，若使用時不習慣戴口罩，請避免長時間作業。另外，若塗繪時畫筆在同一位置停留太久，可能會溶出底漆，造成剝落、滲透，發生下層漆的顏色透出上層漆膜的情況。

壓克力漆

●無論作為上層漆或下層漆，壓克力漆都是無懈可擊的萬能塗料之一。大多數的品牌都適合筆塗，種類與顏色量可說是相當豐富。

○ 遮蔽性強、容易上色的塗料。壓克力漆為水性漆，就算不使用專用的溶劑也可以水稀釋，CP值佳。其中又泛Vallejo、LIFECOLOR等海外品牌，許多頂尖塗裝師也都選擇使用壓克力漆，實屬塗裝人形的絕佳選擇。

✕ 海外業者的壓克力漆有時顯色太強，會出現完成品比預期鮮豔的情況。雖然稀釋條件也會帶來差異，但一般來說壓克力漆的遮蔽性佳，可能不容易暈染開來，導致塗料層特別明顯。

琺瑯漆

●琺瑯漆較不容易滲入硝基漆與壓克力漆，適合作為上層漆。另外還具備延展性佳、可輕鬆筆塗的特色。

○ 琺瑯漆的延展性佳，容易吸附在畫筆上，因此在多款不同性質的塗料中，算是是相當適合塗裝人形的一款。其中又以Humbrol琺瑯漆的顯色最佳，一般認為是塗裝人形的最佳塗料。

✕ 琺瑯漆乾燥時間較長的特性，其實可視為優點加以發揮。使用前若未充分攪拌，塗層可能會出現光澤，又以Humbrol琺瑯漆最容易出現此一現象，使用時務必依照標示攪拌30秒左右。

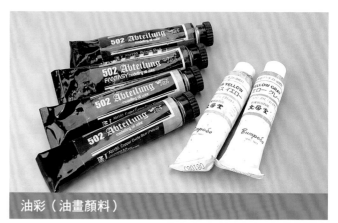

油彩（油畫顏料）

●油彩原本是繪畫之用，但現在也有販售模型專用的商品。

○ 油彩絕對是最容易混色的塗料，能夠將不同顏色的交界處自然暈染開來。裝在軟管的塗料如同原液，必須稀釋才能使用；若是用在人形上，一條顏料能塗裝的數量其實相當可觀。

✕ 最近坊間已經推出模型專用的油彩，也可在模型店購得，但銷售的店家不多，不太容易取得。另一方面，油彩尚未推出膚色或軍事專用配色，因此使用時必須具備調色技巧。

表面處理
賦予成品不一樣的外觀

如果女性人形的肌膚表面很粗糙，成品表現就會出現落差；尤其是充滿許多細緻細節的臉部，更必須仔細處理表面。若表面凹凸不平，就算塗裝技術再好，事後也很難修正。建議先噴上底漆補土，確認表面狀態，並且在正式塗裝前處理好較明顯的凹凸不平處。

▶噴上底漆補土，確認哪裡凹凸不平，再用海綿砂紙或鋼絲絨打磨均勻。

放大鏡是有力的助手
不妨積極運用

描繪1/35這麼小的人形臉部或迷彩紋樣時，難度簡直就像在米粒上寫字。備妥放大鏡，就能分色塗裝人形的細節，非常神奇！人的厲害之處，就在於只要眼睛看得見，就不難做出各種精微的動作。未曾體驗過的讀者，不妨抱著上當一次也好的心情，試試看這項逸品。

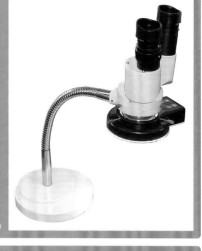

▶實體雙眼顯微鏡 グレートアイGE8500

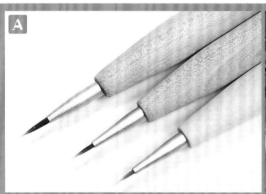

事前準備＆精選畫筆
是使人形更精緻的祕訣

A 日本有句俗諺為「弘法不挑筆」，但我們並不是像弘法一樣功力高強的模型師，所以還是謹慎挑筆吧。訣竅在於挑選像MODELKASTEN或Winsor & Newton等筆尖較不會分岔的畫筆品牌。

B 為了正確塗裝全長約5cm，尺寸極小的1/35人形，必須準備可確實固定人形的底座。雖然不少模型師在塗裝時，往往直接在人形腳底刺入銅線固定，但這種做法易使人形晃動。只要使用像圖中大小的木塊，就能穩穩固定人形，正確塗裝。

乏味的練習，成就事半功倍之效

想更精進製作人形的技術，訣竅在於累積製作數量……這是理所當然的道理。讓我告訴各位如何運用一點小訣竅，就能使技術變更好，那就是——練習描繪線。說到塗裝人形，與其說是「塗繪」，感覺更像「描繪」。疊塗塗料其實就像連續描繪細線的作業，尤其得在只有1/35比例的小面積濃縮大量資訊時，就必須非常講究作業的細緻度。只要多練習描繪細線，記住筆尖的運筆方式，自然就能使塗裝人形的技術大為提升。不僅如此，描繪細線還能掌握稀釋塗料的要領，同時練習如何用畫筆沾取塗料，才能避免塗料滲開。

▼基本上不會直接以原液塗裝，會分別加入適當的稀釋溶劑後再使用。有了調色盤，會更容易調整漸層與濃度稀釋，非常方便。

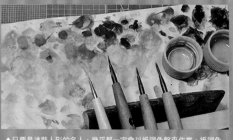

▲只要是塗裝人形的名人，幾乎都一定會以紙調色盤來作業。紙調色盤能夠調整畫筆附著的塗料量，避免塗料滲開，還能整理筆尖。

▼男性與女性的臉部凹凸特徵與膚色都不盡相同。只要塗裝出這些特徵，就能讓人形更有女人味。

掌握不同於男性人形的塗裝法

與男性相比，女性臉部的凹凸起伏較少，整體帶點圓弧感。塗裝人形時雖然會特別強調陰影，不過這可不適用於凹凸起伏少的女性人形。如果比照男性人形，塗裝時特別強調陰影，就會變得很不自然。比起陰影，塗裝女性人形時的重點在於如何強調女人味，那就是要比男性人形更注意眼睛、眉毛、鼻子、嘴唇等部位的塗裝。其實除了臉的大小不同，還要考量有無鬍鬚及膚色的差異，因此挑選的塗料和顏色也會改變。塗裝女性人形必須具備不同於男性士兵人形的技巧表現。

首先，為各位獻上入門篇的要點，只要掌握這裡提到的重點，就能塗裝出可愛的人形！塗裝人形和塗裝塑膠模型一樣，只要經驗愈豐富就愈快上手。這次選用 BRICK WORKS 推出的最新人形（2019 年 11 月當時），本產品是由前面對談訪談中也有提到的林浩己負責設計原型，對初學者來說是非常好塗裝的優質模型組。

製作／mamoru
Modeled by mamoru

■奇蹟女孩 期待新秀
BRICK WORKS 1/20 樹脂灌模型組
Miracle Girl Expected rookie
BRICK WORKS 1/20 Resincast kit
©Kow Yokoyama 2019

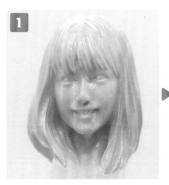

▲整個噴覆粉色底漆補土後，再塗裝 GAIA 鮮粉紅色，但要保留一點淡淡的底漆補土色。接著用 GAIA 的膚色塗裝皮膚，勿塗裝到肌膚的陰影處。

▲整個肌膚都噴一層亮光透明漆。乾燥後遮蓋住肌膚的部分，再繼續塗裝內衣、褲子與鞋子。

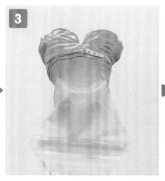

▲內衣是使用 GAIA 的 CM-10 粉紅色。乾燥後，遮蓋內衣，並以 Mr.COLOR 的沙褐色塗裝褲子。至於鞋子則是使用 Mr.COLOR 的木棕色。

▲為避免塗裝剝落，一定要等漆料完全乾燥後再撕掉遮蔽膠帶。確認塗料是否超出範圍，若情況不嚴重可用畫筆補救，或是直接重新塗裝。

▲頭部部分則是先塗裝頭髮。雖然是以畫筆塗上 Mr.COLOR 的大地色，但如果連髮尾都上色，看起來就會很像戴假髮，所以塗裝時，髮尾可稍微保留打底的膚色。

▲嘴唇是將 GAIA 的 CM-10 粉紅色與膚色粉紅混色後，以畫筆上色。每個人或許各有喜好，不過使用淡色系較不容易失敗。

▲在 TAMIYA 的白色琺瑯漆中混合微量的消光透明漆，調出淡奶油色並用來塗裝眼白。超出範圍也沒關係，但要注意不可塗太白，眼白顏色稍微接近膚色看起來會更融合。

▲畫筆稍微沾取琺瑯漆稀釋溶劑，沿著造型處一點一點小心地將眼白超出範圍的部分擦拭消除。調整好眼白後，再上一次亮光透明漆加以保護。

9

10

▲用TAMIYA的艦底紅色描繪眼睛。和眼白一樣，就算超出範圍也OK！接著再用畫筆稍微沾取琺瑯漆稀釋溶劑，修整形狀。

▲目光可稍微向左或向右，會讓眼睛更容易定位。描繪眼睛時，大小要比剛好的大小再大上一圈，注意不可變成三白眼。

11

12

▲畫好眼睛後，同樣再以TAMIYA的德國灰色琺瑯漆描繪出眼線。我是讓線條從眼頭上方朝著眼尾翹起，接著像繞圈一樣下垂，各位可按照自己的喜好描繪。最近似乎很流行從眼頭黏膜處就要清晰可見的畫法。

▲將TAMIYA琺瑯漆的艦底紅與德國灰混色，描繪眉毛。粗眉看起來比較可愛，細眉看起來則很端正。畫好後，也要和眼睛一樣調整形狀。接著將整個臉上一次亮光透明漆，加以保護。

▲用Mr.COLOR LASCIVUS的透明淺紅色，以畫筆在眼窩、頭髮與皮膚的交界線、鼻翼周圍、嘴角至下巴的頸部下方、眼袋、頸部後方、腹肌、腋下與關節、肌膚與服裝交界處、膝蓋與膝蓋後方等處，塗上淡淡的顏色直到自己滿意為止。嘴角則是用類似入墨線的方式，塗上淡淡的TAMIYA艦底紅色琺瑯漆。加入服裝的細節，手肘與膝蓋用TAMIYA舊化粉餅G組的鮭魚紅色稍微抹一下，讓顏色有點帶紅。最後整體上一層亮光透明漆，組裝後便大功告成！

第1章
不可不知的
化妝基本與應用篇

　　鑑賞女性人形時，觀者眼睛最容易看向臉部，這是因為人類總會習慣把目光聚焦在「人臉」上。再者，女性基本上都會上妝。正如同本書開頭對談中所提，就連專業塗裝師的國谷老師都會購買美妝書籍參考，應該不難發現若想塗裝出可愛的女性人形，就必須研究如何化妝。既然會有「化妝能讓女人變得不一樣」的說法，就意味著女性的化妝術相當發達，甚至讓一般男性覺得難以了解。雖然有時會因流行或過時而異，但化妝的基本不曾改變。本章除了會由正牌模特兒與現職化妝師介紹化妝的基本、重點、手法與概念外，更會提到衍伸的應用範例，以及將化妝技術運用到模型的範例與方法。各位不妨記住這些塗裝男性人形時不曾接觸到的技法吧。

記住3種上妝技法

化妝能讓女性自由改變容貌
就讓我們記住基本的化妝術吧

女性只要過了一定的年齡，幾乎都會化妝——這種說法一點也不為過，女性與男性明顯的差異便在於化妝。此處介紹的化妝範例，雖然只占非常少的篇幅，但從女性人形成品便能清楚看出模型師是否了解化妝的原理，希望各位務必記住化妝的基本常識。

模特兒／立花早紀
1988年出車，前知名賽車皇后（Race queen），目前正積極投入演藝事業。MODELKASTEN有推出她的人形商品。

化妝師／堀口由紀
居住於東京都，沙龍設計師，拜米澤和彥為師。2013年獨立，目前活躍於雜誌、電視節目、電視廣告、平面媒體等多種場合。

化妝時有3大重點部位

妝容能決定臉部給人的印象，接下來將解說當中最重要的3個部位。

要馬上化出一臉全妝其實非常有挑戰性，因此這次會針對3個最能展現女人味的化妝部位來解說。只要徹底掌握這三個部位，你的女性人形也會出現戲劇性的改變！

睫毛、眼線的妝容讓人一眼即留下印象。

臉頰與整體肌膚的塗裝只要夠滑順，就能提升女人味！

嘴唇是性感的象徵！別忘了留意形狀與顏色。

eye

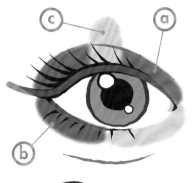

眼睛上方畫出非常清晰的眼線，下方則是加入一條暈開的淡眼線，範圍畫到中間為止。在眼瞼中央加入明亮的顏色，就能更強調立體感，並且產生眼睛拉長的錯覺。

a. 眼影①
琺瑯漆：消光白50＋消光泥土色20＋消光膚色30

b. 眼影②
琺瑯漆：消光白80＋消光紅10＋消光藍10

c. 亮部
琺瑯漆：消光白70＋消光泥土色10＋消光膚色20

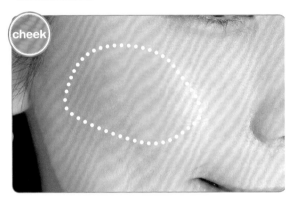

cheek

在虛線範圍內輕輕點塗ⓓ的腮紅色。腮紅塗太紅的話，就會變得很像熊本熊，所以要視情況加以調整。重點在於要畫在橢圓形範圍內。

◀ 描繪兩頰時，大概塗在這個位置。

d. 腮紅
消光膚色80＋消光紅20

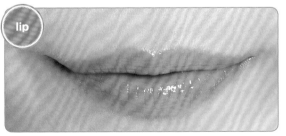

lip

嘴唇塗成大紅色的話，反而會過度凸顯嘴唇，因此必須調整色調，並留意光澤感。不要在嘴唇框出奇怪的外圍線，看起來才會更加自然。

e. 嘴唇
消光紅40＋消光黃40＋消光白20

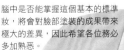

腦中是否能掌握這個基本的標準妝，將會對臉部塗裝的成果帶來極大的差異，因此希望各位務必多加熟悉。

※ 參照TAMIYA琺瑯漆編號

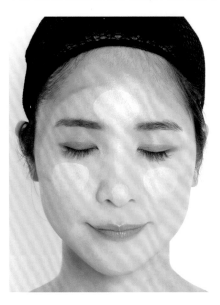

底妝 Base make

亮部

消光膚色90＋消光紅10

暗部

消光白90＋消光膚色10

為了強調臉部的圓潤感，處理暗部時，要從額頭以像是畫曲線的方式描繪。在臉上放入亮部時，同樣要記得在鼻梁以外的部位畫出圓形。總之就是要掌握到「圓」的感覺。

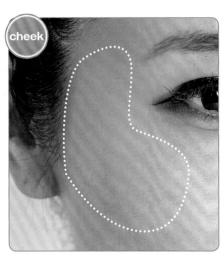

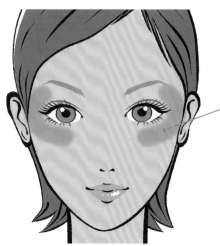

d. 腮紅
消光紅50
＋消光白40
＋消光膚色10

像圖示一樣加入腮紅。重點在於要像是圍繞眼睛周圍一樣，輕輕塗在臉頰上。腮紅如果塗得太重，一樣會給人不協調的感覺，要視情況加調整。

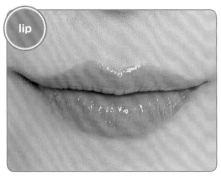

e. 嘴唇
消光紅50
＋消光膚色40
＋消光白10

嘴唇的部分會比標準妝更誇大，這裡也要掌握縱長，呈現出圓潤感。塗裝人形時，不要畫出唇線，讓輪廓暈開來看起來就會很自然。

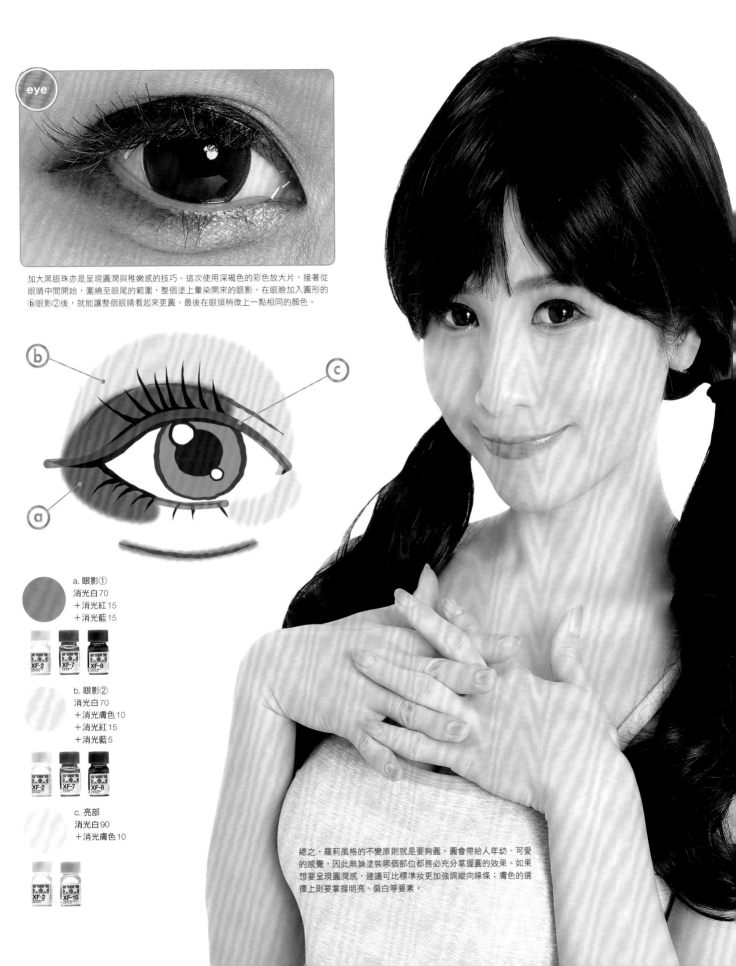

加大黑眼珠亦是呈現圓潤與稚嫩感的技巧。這次使用深褐色的彩色放大片，接著從眼睛中間開始，圍繞至眼尾的範圍，整個塗上暈染開來的眼影。在眼瞼加入圓形的ⓑ眼影②後，就能讓整個眼睛看起來更圓。最後在眼頭稍微上一點相同的顏色。

a. 眼影①
消光白70
＋消光紅15
＋消光藍15

b. 眼影②
消光白70
＋消光膚色10
＋消光紅15
＋消光藍5

c. 亮部
消光白90
＋消光膚色10

總之，羅莉風格的不變原則就是要夠圓。圓會帶給人年幼、可愛的感覺，因此無論塗裝哪個部位都務必充分掌握圓的效果。如果想要呈現圓潤感，建議可比標準妝更加強調縱向線條；膚色的選擇上則要掌握明亮、偏白等要素。

外國人風格妝容

這類型妝容的重點在於要夠鮮明華麗，因此輪廓的深邃度將是關鍵。除了注入金髮碧眼等辨識度較高的元素，還會介紹如何讓日本人的臉蛋變得更像外國人。

eye

藍色的隱形眼鏡，簡單就能讓日本人看起來像是外國人；應用在人形時，只要凸顯黑眼球的紅膜及角膜部分就會很明顯。化外國人風格的妝容時，重點在於如何讓輪廓看起來更深邃，所以雙眼眼皮上方還必須畫出雙眼線，這樣能夠讓眼睛本身看起來很大，雙眼皮感覺也會更寬。在眼睛下方一樣加入淡淡的眼線便能帶來相同效果。

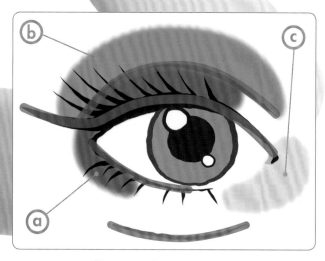

外國人風格妝會比較著重裸妝感（※註1）的膚色。眼妝與腮紅都以俐落直線來呈現的話，就能與標準妝及蘿莉風格妝形成差異。營造輪廓的深邃度將更加展現出外國人的氛圍。

※註1 裸妝感：就像與肌膚結合、脂粉未施的感覺，也有透光、自然不做作的意思。

a.眼影①
消光白50
+消光膚色30
+消光泥土色20

b.眼影②
消光膚色60
+消光紅20
+消光白20

c.亮部
消光白90
+消光膚色10

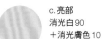

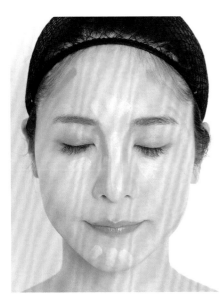
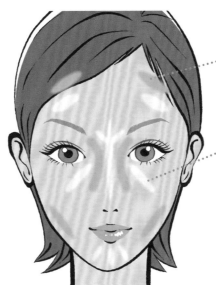

底妝 Base make

暗部

消光膚色90 + 消光紅10

亮部

消光白90 + 消光膚色10

無論處理暗部或亮部，都必須掌握非常筆直的線條。按照圖片方式加入線條，就能打造出外國人常見的長臉型。實際化妝時，會將圖中的暗部及亮部推開，因此應用在人形時，如何暈開並同時保留顏色就是箇中關鍵。

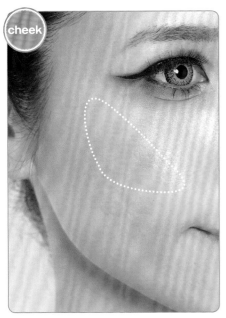
cheek

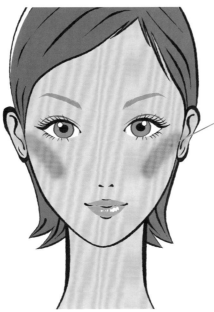

(d)

d.腮紅
消光紅35
+消光膚色35
+消光白30

在臉頰畫入腮紅時，同樣要掌握俐落的感覺。建議塗裝時下筆的方向可與顴骨垂直，顏色則是介於粉紅色與橘色之間。

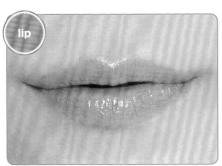
lip

(e)

e.嘴唇
消光紅40
+消光黃40
+消光白20

裸妝色調能呈現海外名媛風味。無須過度使用顏色，也不用畫出嘴唇的外圍，讓嘴唇展現出平坦而非圓潤的感覺，同時保有亮澤感。

試著塗裝3種妝容

參考前述妝法
應用在1/20比例的人形上

前面篇章是為現實人物化妝，學會了各種不同的妝法。這裡要參考前述的化妝，並使用同款人形的頭部，應用不同的塗裝。等身大小與1/20比例畢竟在尺寸上有不小的落差，因此會省略部分。各位亦可留心mamoru使用硝基漆時的塗裝技術。

製作／mamoru
Modeled by mamoru

青春少女⑤
atelier iT 1/20樹脂灌模模型組
Youth girl No.5
atelier iT 1/20 Resincast kit

使用塗料一覽

基本上都是取單色塗料直接塗裝，只有外國人風格妝的眼睛部分有混色。作業過程充分活用硝基漆豐富的顏色，以及乾燥時間的速度。

A Mr.COLOR C522
土地色

B Mr.COLOR C43
木棕色

C Mr.COLOR C520
坦克雷達
RAL8027

D 鋼彈專用色
UG10
MS夏亞粉紅

E LASCIVUS Aura
CL103
黑髮色

F LASCIVUS Aura
CL104
粉紫色

G 荒野の壽飛行隊 COLOR
XKC03
鬆餅棕色

H Mr.COLOR GX GX114
超級平滑透明消光漆

I Mr.COLOR GX GX100
超級透明亮光漆III

J GAIA COLOR 032
終極黑

K GAIA COLOR 051
膚色

L GAIA COLOR 052
膚色白

M 電腦戰機專用色
VO-27
焰小豆

N 電腦戰機專用色
VO-46
紅粉色

O GAIA COLOR 053
膚色粉紅

P LASCIVUS CL02
可可牛奶色

Q GAIA COLOR 048
透明綠

R GAIA COLOR 044
透明藍

S GAIA COLOR 016
亮粉紅

T GAIA COLOR 103
螢光紅

U 閃電霹靂車專用色
CM-10 粉紅

▲皮膚直接沿用模型的底色，接著以 K 為基底，混合 T 或 R 上一層淡淡的顏色。頭髮底色則使用 A，並以 C 或 G 追加陰影。最後再塗上 H 作為保護層。

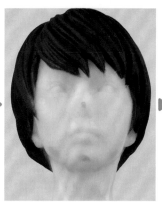

▲在想要帶有紅潤感的位置點上 D。

▲用畫筆沾些的許硝基漆稀釋液，推開點上的塗料，讓顏色融合。

▲在嘴角與上下唇的交界線點上 C，嘴唇則是點上 N。

▲將 C 往左右拉伸成條狀後，再與 N 融合在一起。N 必須重疊塗色調整，讓嘴角側的顏色較深。

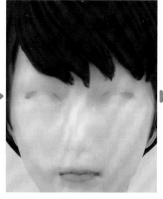

▲在眼頭與眼尾上一層薄薄的 C。掌握眼睛四周的圓弧感，並強調出凹陷的部分。

▲眼尾下方上一層薄薄的 B。過度強調這個部位，反而會讓人形變得太可愛，因此適量即可。

▲在上眼瞼與眼頭下方塗上 L。加入亮色能讓眼影的兩種顏色呈現自然的立體感。眼頭下方點入亮色，會將眼睛左右拉長變大。

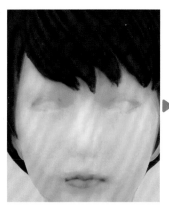

▲以畫筆沾些許的硝基漆稀釋液，分別推開 C、B、L 塗料，讓顏色暈開融合。

▲在眼睛黏膜處塗上 D。以眼頭與眼尾為起點，朝中心延伸的方式塗裝，而不是整圈圍繞眼睛。

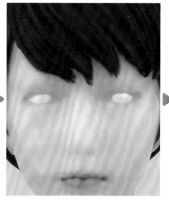

▲用 L 塗眼白，並用 K 巧妙地暈開前述步驟中與 D 的交界線。

▲用 A 描繪眼線。

▲用 M 描繪雙眼線。塗繪時，從眼睛上方中間處②開始，分別朝眼頭①和眼尾③方向描。這個步驟會決定眼睛給人的印象，務必謹慎！

▲用 E 描繪眼球輪廓。畫出正圓的同時，也要意識到眼球被眼瞼遮蔽看不見的部分。

▲用 C 描繪虹膜。將濃度調整成靠近上眼瞼處較深、下方則較淡。

▲用 J 描繪瞳孔。瞳孔過小，眼神看起來會很銳利，過大則會讓人感覺幼稚。接著用 C 描繪眉毛，眉頭與眉尾顏色較淡，看起來會更自然。細眉看起來比較成熟，不過這次的對象是高中生，所以有稍微加粗眉毛。

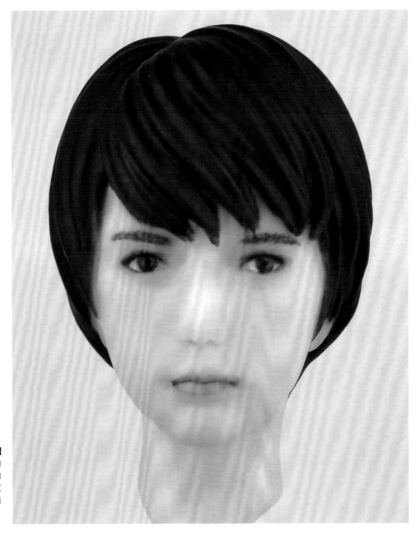

▶最後再將薄薄的一層 D 推開成橢圓形，描繪腮紅。混合少許 D 與 M，在眼袋加點紅色，接著用 P 在鼻子下方與鼻翼加入陰影的顏色。一邊確認整體的協調，一邊調整各部位。再用混入微量 R 的 K 色，點綴在鼻頭、太陽穴、嘴角周圍、顴骨附近，加點蒼白的感覺看起來會更接近真實皮膚。若覺得眼影太深，可繼續塗上稀釋過的 K，調整成自然的亮度。

蘿莉風格妝

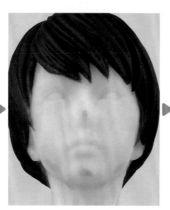

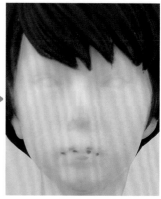

▲皮膚直接沿用模型的底色，接著以 K 為基底，添加 T 混色上一層淡淡的顏色。頭髮底色則是使用 A，並以 J 追加陰影。最後再塗上 H 作為保護層。

▲在想要帶有紅潤感的位置點上 D。

▲用畫筆沾些許的硝基漆稀釋液，推開點上的塗料，讓顏色融合。

▲在嘴角與上下唇的交界線點上 C，嘴唇則是點上 U。將 C 往左右拉伸成條狀後，再與 U 融合。

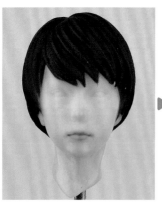

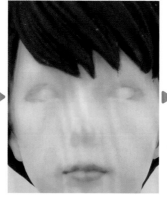

▲用 S 重疊塗色，將嘴角側調整成較深的顏色。下唇稍微畫大一些，看起來會更豐滿柔軟。

▲就像要將一半的眼睛框起來般，用 M 從眼睛上方朝眼尾方向上一層淡淡的顏色。

▲確認整體是否協調的同時，還要在眼尾至眼睛下方的範圍加入陰影。強調眼尾下方能讓眼睛看起來稍微下垂，增加可愛程度。

▲整個眼窩塗上薄薄一層 F，讓顏色充分融合。追加眼睛整體的紅潤感，消除 M 與膚色之間的落差。

▲在眼頭下方點入 K。使用亮色，能夠使眼睛看起來更大。

▲暈開前一步驟的 K，充分融合顏色。

▲用 D 塗繪眼睛的黏膜。留意眼頭與眼尾的顏色比較深，朝眼睛中間逐漸變淡。

▲用 L 塗裝眼白，並用 K 巧妙地暈開前述步驟中與 D 的交界線。

▲用 Ａ 畫眼線，再用 Ｍ 描繪雙眼線。塗繪時，從眼睛上方的②開始，分別朝眼頭①和眼尾③方向塗。須掌握整體的圓潤感，畫出垂眼。

▲用 Ｅ 描繪眼球輪廓。畫出正圓的同時，也要意識到眼球被眼瞼遮蔽看不見的部分。描繪蘿莉風格妝容時，眼球比其他妝法再大一些，就能表現出年幼感。

▲用 Ａ 塗裝虹膜。將濃度調整成靠近上眼瞼處較深、下方則較淡。

▲用 Ｊ 描繪瞳孔。瞳孔與眼球一樣，大一點看起來會更可愛。想像成是小狗或小動物的眼球與瞳孔，應該會更容易掌握。

▶最後用 Ａ 描繪眉毛。稍微拉開眼睛與眉毛之間的距離，就能展現出沉穩的氣息，但既然是要畫蘿莉妝，就必須想像年幼的感覺，畫出微粗的直眉。接著用 Ｄ 從太陽穴朝顴骨方向加入圓弧形的腮紅，再以 Ｄ 與 Ｍ 強調眼袋。一邊確認整體的協調度，一邊調整各部位。重點在於如何透過加入陰影，讓整體帶有圓潤的感覺，以及掌握垂眼並強調眼袋。

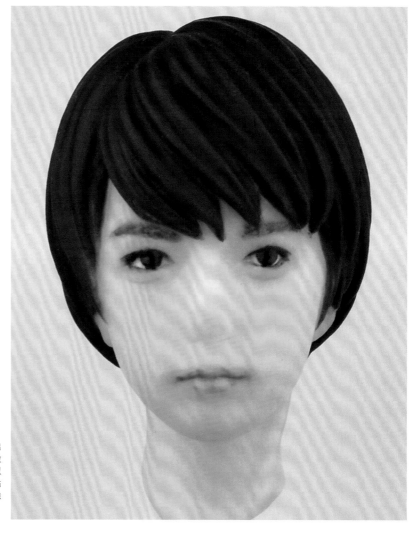

▲用 GAIA 的 FG-06 PLATINUM BLOND BASE 與 FG-07 PLATINUM BLOND SHADOW 塗裝頭髮，並塗上消光透明漆作保護。

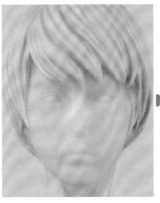

▲在想要帶點蒼白感的部分，點上 L 與 R 的混色。人形原本的膚色較紅潤，只要追加蒼白色，就能淡化紅潤感。

▲點入蒼白色的部位，包含鼻頭、太陽穴、顴骨、下顎骨等。

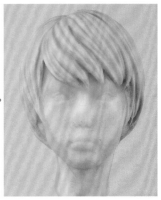

▲用畫筆沾些許的硝基漆稀釋液，推開點上的塗料，讓顏色融合。

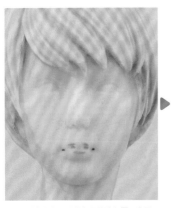

▲在嘴角與上下唇的交界線點上 C，嘴唇則是點上 S。

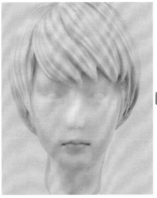

▲將 C 往左右拉伸成條狀後，再與 S 加以融合。塗裝 S 時，可在中間區域重疊 U 等色，凸顯嘴角側較深的顏色。

▲在眼頭與眼尾上一層薄薄的 C。顏色要比較深，才能表現出冷酷感。為了讓眼睛看起來細長，眼尾要朝太陽穴的方向加寬。

▲在眼窩塗上薄薄一層 G。融合顏色時，要展現出眼窩的深邃感。

▲從眼頭的中間開始，稍微由上往下畫入 L。這裡使用亮色的範圍，會改變眼睛的大小以及給人的印象。

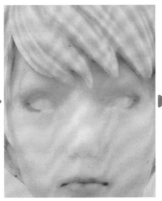

▲一邊確認整體的協調感，一邊融合 C、G、L。感覺「顏色似乎比較深？」的程度時，反而更有味道。

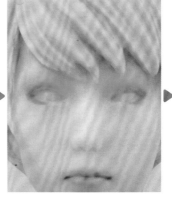

▲在眼睛黏膜處塗上 D。以眼頭與眼尾為起點，朝中心延伸的方式塗裝，而不是整圈圍繞眼睛。

▲用 L 塗裝眼白，並用 K 巧妙地暈開前述步驟中與 D 的交界線。

▲用 Ⓐ 畫眼線，並用 Ⓜ 描繪雙眼線。塗繪時，兩條線必須完全分開，不可重疊，看起來才像是外國人深邃的雙眼皮。眼尾朝太陽穴方向拉長，更能加分。

▲接著用 Ⓔ 描繪眼球的輪廓。畫出正圖的同時，也要意識到眼球被眼瞼遮蔽的看不見部分。眼球畫得稍微小一些，就能表現出俐落冷酷的感覺。

▲在 Ⓛ 混入微量的 Ⓡ 與 Ⓞ，調成淡藍色，描繪虹膜。將濃度調整成靠近上眼瞼處較深、下方則較淡。接著用 Ⓡ 將眼球外框線與中間區域暈開。

▲用 Ⓙ 描繪瞳孔。稍微畫小一些，就能呈現出如哈士奇般明亮澄澈的眼睛。

▶最後用 Ⓒ 描繪出淡淡的眉毛，眉頭與眉尾顏色淡一點，看起來會更自然。眉毛粗度偏細且往上翹，看起來會更像外國人。最後再調整整體的協調感，用 Ⓓ 塗上腮紅。這裡的腮紅要從太陽穴直線延伸至顴骨，極端一點說，大概就像以前視覺系樂團的感覺。整體來說，外國人風格妝只要掌握直線，展現出俐落感即可，這應該也是本次的3種妝法中，作業最簡單且應用範圍最廣的方法。不習慣塗裝的讀者，可以從這個妝法開始，或許會更容易掌握。

第2章
不可不知的
3D列印人形塗裝法

　　近年隨著技術發達，過去必須手工捏製的人形也導入數位技術。其中最具代表性的，就是實際把人體透過3D掃描，並以3D列印製造的成品作為原型，也就是所謂的「3D列印人形」。與原型師手工捏製的人形相比，3D列印人形比較沒有模型技術上所造成的變形，因此經常耳聞塗裝難度較高的說法（當然產品不同，難度也難免有差）。

　　本章將透過How to專欄，介紹該如何塗裝難度稍高、令初學者遲遲不敢挑戰，可愛又迷人的3D列印人形。另外也會介紹專業塗裝師如何展現各自不同的訴求，完成女性人形的範例，請讀者好好欣賞風格多樣的各種人形吧。希望各位找到自己喜愛的塗裝法，並試著挑戰3D列印人形的塗裝。

如何塗裝可愛的3D列印人形

近期備受討論
挑戰3D列印人形塗裝！

女性人形界最近雖然蠻常看見3D列印的人形，不過也不時聽聞「3D列印人形塗裝很困難……」的聲音。這裡將透過How to專欄，詳細解說如何把MODELKASTEN的鈴木咲人形塗裝得很可愛。

製作／國谷忠伸
Modeled by Tadanobu Kuniya

■1/20鈴木咲 德國海軍輔助隊員
MODELKASTEN 1/20樹脂灌模型組
SAKI SUZUKI German Naval Auxliary
MODELKASTEN 1/20 Resincast kit

使用塗料一覽

國谷老師根據呈現方式與塗裝方法選用塗料，因此塗料的使用數量相當豐富。這裡除了列出應用的塗料外，也記載了使用的位置。

A
Mr.COLOR C111
人物膚色

B
Mr.COLOR C131
赤褐色

C
Mr.COLOR C515
德國灰（褪色期間）

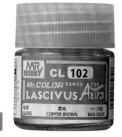

D
LASCIVUS CL102
栗棕色

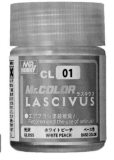

E
LASCIVUS CL01
粉白色

F
LASCIVUS CL04
透明淺橘色

G
Mr.COLOR CS563
美少女人形專用紅色組
※僅使用CP11紅寶石橙色

H
REAL BRONDE 顏色組
※僅使用BRONDE HIGH LIGHT色

A 皮膚亮部的顏色。稍微帶點綠，更能襯托出腮紅的紅色。但使用過量反而會讓人覺得臉色變差，須特別注意。
B 頭髮的陰影色。運用在明亮髮色時，可強調對比，呈現出立體感。
C 制服亮部的顏色。圖中所見的制服是幾近於黑的深藍色，強烈光線照到的部分則會呈現發亮的紫色。

D 頭髮的基本色。重現紅髮的難度較高，但之所以選擇此色，除了顏色相對接近外，使用上也比較上手。
E 肌膚的基本色。算是稍微帶紅的粉色，也是一般較受歡迎的膚色。
F 肌膚的陰影色。屬於橘色系，因此將肌膚調成帶紅潤的自然黃色。

G 肌膚的暗色。如果只是單純改變亮度，可能會讓肌膚變得暗沉，因此要優先掌握顏色的銜接，並錯開色調。
H 頭髮亮部的顏色。

I
底漆補土
（粉紅色）

J
TAMIYA 琺瑯漆
XF-1 消光黑

K
TAMIYA 琺瑯漆
XF-2 消光白

L
TAMIYA 琺瑯漆
XF-7 消光紅

M
TAMIYA 琺瑯漆
XF-8 消光藍

N
Mr.FINISHING
底漆補土 1500 號
黑色

O
TAMIYA 琺瑯漆
XF-9 艦底紅色

P
TAMIYA 琺瑯漆
XF-15 消光膚色

Q
TAMIYA 琺瑯漆
XF-64 紅棕色

R
TAMIYA 琺瑯漆
X-1 黑色

I 肌膚打底用。女性的肌膚看起來會透出色澤，要避免使用黑色或褐色。

J 用在睫毛。選擇黑色來呈現睫毛膏，但有時選用深灰色看起來會更自然。

K 用來調整亮度。

L 用在臉頰腮紅與口紅。混合K調整亮度後再使用。

M 用在眼睛。像眼睛這類面積較小的部分，建議可提高亮度。

N 用在制服的打底處理。想要塗出完全消光的感覺，所以試著直接使用底漆補土。

O 用在肌膚像是斑點處等紅色區塊。

P 調整膚色時，是將K與L混色，作為粉底使用。

Q 用在顎下、鼻孔等最暗的陰影處。

R 用在高跟鞋的塗裝。重點在於直接發揮琺瑯漆的亮澤感。

使用工具一覽

有沒有使用顯微鏡，會對能夠塗裝的資訊量帶來顯著的差異。希望各位一定要準備這個能帶來莫大幫助的工具。

雙眼顯微鏡
グレートアイGE8500

墨線橡皮擦

Winsor & Newton 水彩筆
7系列 No.00

KOLINSKY 模型用面相筆 00 號/S

Dry Brush Ⅱ

想要打造美腿
就要將「紅」發揮到極致

迷你裙所展露的就是腿部。腿部的塗裝好壞
會直接影響作品品質，就算這麼說可是一點
也不為過。其中，塗裝的關鍵又在於「紅」。

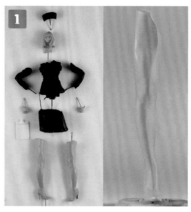

▲本模型組基本上已將零件切割為制服與肌膚外露的部分，因此並不需要遮蔽。分別先以 **N** 與 **I** 塗裝衣服與肌膚，作為打底。接著在肌膚塗滿 **G**，用來呈現強調立體感的陰影，以及肌膚斑點狀的紅色區塊中較明亮的部分。後續塗裝上層色時，務必記住前述提到的目的。

▲接著用 **F** 噴砂塗裝。將人形豎立起，接著噴槍從上往下，並讓噴嘴的角度稍微與腿部平行，從大腿根部朝腳跟噴塗，加入基本的陰影。作業訣竅在於不要完全蓋掉打底的紅色 **G**，還能看到些許殘留色的時候就要停止。人形腿部突起的造型處，基本上會上一層薄薄的塗料噴霧，不過 **あ**膝蓋、**い**膕窩等部位光是這樣的塗裝並不足夠，要加入塗裝亮部的要領，用噴槍噴出細線來強調對比。　▶噴完 **F** 時的狀態，立體感變得更明顯。

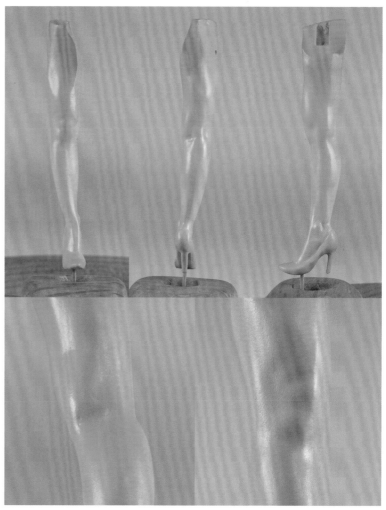

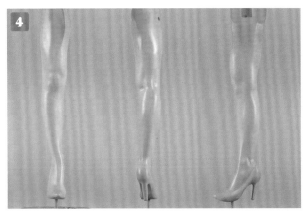

4

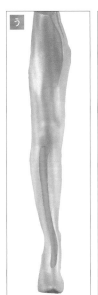

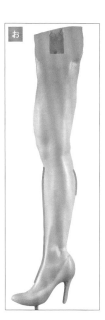

▲用 **A** 加入亮部。將塗料稀釋後，一點一點慢慢塗裝，隨時確認。這裡同樣也要在還能看到些許殘留色的時候就停止噴塗。從 **う え お** 的脛骨至腳背範圍、小腿肚上方，都要加入亮部。

5

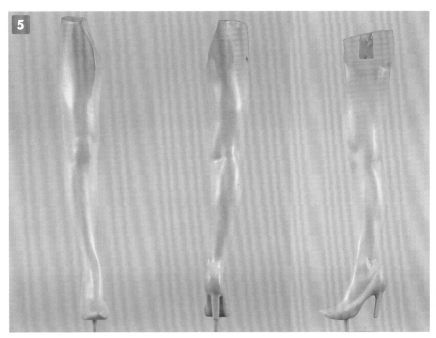

◀以關節為中心，用 **F** 來補強陰影，重現肌膚色素沉澱的暗沉。此作業會讓色調產生較大變化，要慢慢塗裝，就算下手太重也還能蓋上薄薄一層 來調整。這時最好能稍微保留打底的 **G** 的紅色色調。塗裝到自己滿意後，便可上消光透明漆作保護。

手部塗裝也相同

| 手背 | | 手心 |

手的基本塗裝雖然與腳相同，不過姿勢會大幅改變光源的位置，因此須多加注意。建議可將上半身假組後再來做基本塗裝。手和臉都是資訊量豐富的部位，完成基本塗裝後，再用畫筆仔細加工。

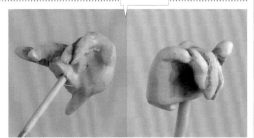

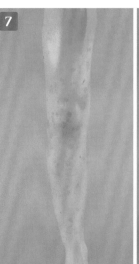

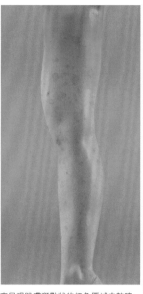

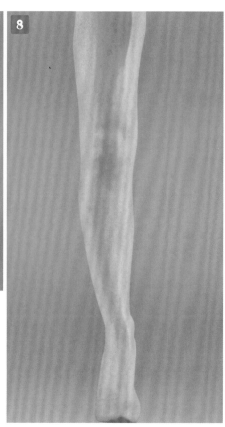

▲噴濺塗裝,是將噴槍對著沾有稀釋塗料的畫筆噴氣,藉此濺起塗料的技法。這個技法也常見於 AFV 模型。

▲將 **O** 稀釋到接近入墨線的濃度,用來呈現肌膚斑點狀的紅色區域中較暗的部分。為了塗裝出不規則狀,這裡會採用噴濺塗裝。將整個零件適當噴塗後,稍微乾燥片刻,再用畫筆沾取乾淨的稀釋液,推開或擦拭塗料,使顏色融合。因為消光透明漆的關係,就算擦掉塗料還是會保留些許色調,這時再用墨線橡皮擦擦吸掉塗料就會變乾淨了。至於要保留多少,完全取決於感覺,很難跟各位說明。而且追加塗料的方式比較簡單,建議各位不妨先全部拭淨後再來作業。 ▶最後上層消光透明漆便完成了。

噴濺塗裝的訣竅與解說

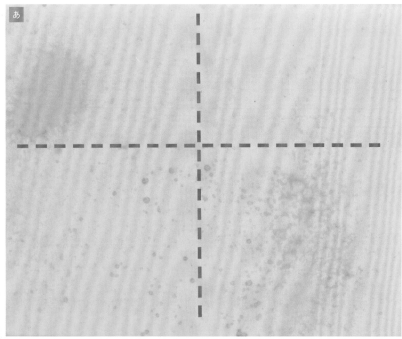

噴濺塗裝會因畫筆沾取的塗料濃度、畫筆含水量、噴槍氣壓,以及與噴附物之間的距離,使得飛濺效果各異,建議先在塑膠板測試後再正式作業。**あ**左上的範例,距離噴附物太近,無法形成飛沫;左下的範例最合適;右上的漆量太少,右下則是太多。**い**正用沾取稀釋液的畫筆擦拭。塑膠板有事先噴上消光透明漆,圖片可能看不太出來,不過就算擦拭後依然保留漆料滲入的色調。這次很簡單地只用一種顏色,不過將多種顏色以相同要領重疊塗裝的話,就能呈現出更複雜的色調。若是尺寸更大的人形,就必須重疊多種顏色。

打造作為基底的肌膚

臉蛋可說是人形最重要的部分，這裡將聚焦臉部，尤其針對肌膚的塗裝加以解說。希望各位好好參考與男性人形差異甚大的肌膚塗裝法。

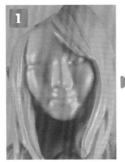

▲臉與腳一樣，都是用 **G** 打底。從頭頂處取 40～90 度的角度範圍，以像是輕輕覆蓋顏料的方式，噴砂塗裝 **E**。超過 90 度以下的範圍不要塗裝。這裡感覺就像是在塗裝球體的亮部，無須在意細節處理。額頭、下巴前端、臉頰上半部要稍微噴塗多一些，還能看到些許底色殘留時便要停止塗裝。

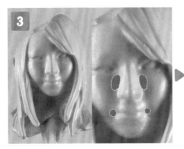

▲在鼻子側面與嘴角四周，噴上薄薄一層 **F**，作為陰影的補強與色調補償。

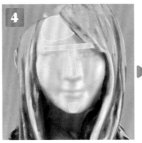

▲在額頭、鼻梁（T字部位）、下巴尖處用 **A** 噴上細線，作為亮部。如果覺得前面塗裝的 **F** 顯色太強，可稍微覆蓋顏色加以調整。作業順利的話，這時就會帶有柔和的陰影。最後再用消光透明漆整個噴砂塗裝。

▲用畫筆沾取稀釋過的 **O**，在眉頭下方至鼻梁之間、鼻尖下方、鼻唇溝、下顎至頭髮間的邊界追加陰影。由下往上看，會更容易掌握該塗裝的部位。同時在眼睛輪廓與嘴角畫上定位線。

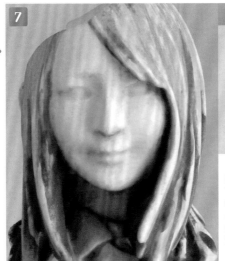

◀用畫筆沾取乾淨稀釋液的 **O** 擦拭。從左圖就能看出，噴砂塗裝能夠留下斑點漬痕般的擦拭痕跡。若不小心過度擦拭，可以重複相同步驟，加入色調；亮部也是以相同要領補強。在上眼瞼與鼻尖塗上 **K**＋**P** 並擦拭，就能加入明亮色調。

▲為了讓讀者看得更清楚，我另外在塑膠板上重現如何用畫筆沾取稀釋液，將陰影暈染開來。暈開陰影的同時，還要用畫筆融合顏色，而非完全將漆料擦掉。

決定印象女性的
眼睛塗裝與化妝術

我們第一眼見到某人時，多半會以對方的「眼睛」
來決定第一印象。這裡將介紹往往被認為很困難的
眼睛塗裝，以及連帶附上的化妝法。

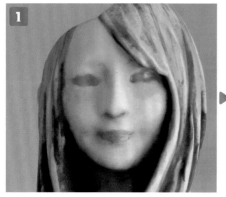

▲先用 L ＋ P ＋ K 調配出接近 G 的粉紅色，塗在眼睛
與嘴唇。塗裝嘴唇時，要注意嘴角位置，也不能畫得太
大。接下來每完成一個步驟時，都要上一層消光透明漆
作保護。

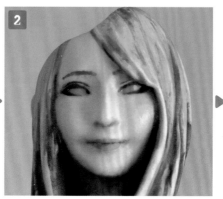

▲用 Q 描繪眼線、雙眼皮、眉毛、嘴角。先畫出小
點，再連起點的塗裝方式會比較好作業。擦拭輪廓加以
調節，不過眼線除外的其他部位，顏色稍微滲開來反而
會更自然。接著再於眼線及眼睛的輪廓加入陰影。陰影
如果暈開，反而會讓整體看起來無法聚焦。下睫毛的長
度建議停在嘴角正上方的位置就好。先上層保護漆，接
著再用 O 於下睫毛的內側稍作點綴，就能展現立體感。

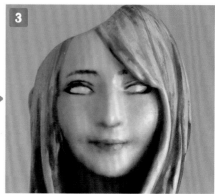

▲在 K 中混入少量的 P，像是整理眼線內側的方式塗
上眼白。每個人對於眼頭淚阜的審美觀不同，想讓人
形更像模特兒的話就要多加注意。

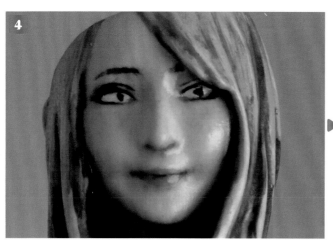

▲眼睛朝向前方時，瞳孔會落在嘴角的正上方。因此描繪眼睛時，要先以嘴角為基
準，畫出小點後再慢慢加大，才比較不會失敗。

▲一般而言，瞳孔上方1/3左右的面積會被眼瞼蓋住，因此描繪時注意不能變成正圓
形。用肉眼看的時候感覺可能會不太一樣，所以利用放大鏡作業時，要頻繁地以肉眼
確認。眼白和瞳孔大小的比例也會深深影響給人的印象，必須多加留意。順帶一提，
瞳孔愈大，稍微鬥雞眼的話，看起來就會顯得比較年幼。

▲用 M + K 的亮藍灰色描繪虹膜。因為面積較小，必須提高亮度來強化印象。畫法與瞳孔一樣，先畫出小點後再慢慢加大，注意不要超出瞳孔的輪廓線及眼線。虹膜愈靠近中間會愈亮，當然可以重現漸層或描繪紋樣，不過既然是 1/20 比例的人形，其實也可以省略。

▲描繪瞳孔時，要記住必須與眼睛的輪廓及虹膜呈同心圓，左右眼的大小也必須一致。瞳孔的大小會隨著周圍亮度改變，建議作業時參考照片。如果把 1/20 比例人形的瞳孔畫得太大，反而會讓虹膜變得不明顯，所以大小適中即可。

▲對於描繪眼神光與否，雖然意見正反兩極，不過以 1/20 的人形來說，我認為畫了會更有生命感。光源（反射物）照映在瞳孔就會形成眼神光，所以沒有一定的大小、形狀及位置，不過畫太大會失去真實感，要特別注意。眼神光最好能在瞳孔偏上的位置。畫好眼神光後，將臉部整個塗上消光透明漆。接著，再用畫筆於瞳孔的部分塗上亮光透明漆，恢復亮澤即可。

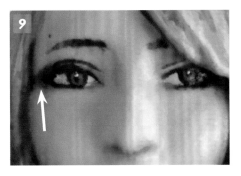

▲加入眼影等妝容。這裡所用的技法與處理肌膚質感時相同，都是先用稀釋液量開薄薄一層的塗料，再稍加擦拭。仔細觀察右邊方框中的本人照，加入眼影及腮紅。

▶最後確認整體的協調性，調整細部。這次的眼影及眼線顏色太過接近，感覺變得有些模糊不清，於是稍微讓眼影變得更暗，感覺就像畫上睫毛膏。下唇內側加入較明亮的粉色口紅，唇色看起來更健康，嘴唇也變得立體。上妝時，要清楚區別哪裡的顏色該清晰分明，哪裡該融合為一。

鈴木咲小姐 實際的眼睛長這樣

◀沒有什麼參考資料能夠勝過本人！正牌鈴木小姐的眼睛長這樣，各位可以好好參考虹膜、瞳孔、眼神光的模樣。

總是單調的衣服
也能透過巧思充滿立體感

塗裝衣服時，有適合每件衣服的塗料及方法。
這次的關鍵取決於「乾刷」。

1

▲從資料來看，實際的制服應該是深藍色、羊毛材質。衣服的布料不但厚，看起來也很像粗花呢。照片上看起來幾乎是黑色，亮部則透出茄子般的藍紫色。這次嘗試消光處理後，再以乾刷呈現亮部。首先，整體塗裝 **N** 來打底，同時處理表面。經過完全的消光處理以及些許粗糙粒子的呈現，都讓人期待能更接近實際衣料的質感。

2

▲用 **C** 乾刷亮部。這裡的乾刷並不是為了使細節邊界更清晰，不妨稍微加大範圍，並帶點柔和的漸層。將畫筆從光源方向以慢速度單向移動，顏色盡量不要蓋到會形成陰影的部分。最後上層消光透明漆保護表面。

3

▲用 **J** 與 **M** 調配出帶藍的黑色，補強陰影。使用的技法則與處理肌膚色調時相同。

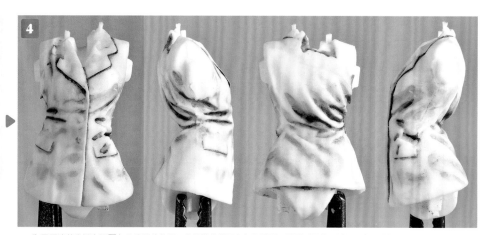

4

▲為了更清楚掌握步驟 **3** 加入陰影的位置，在塗裝前就要先加入陰影。陰影則是依照皺褶深度，以多次疊色來調整深淺。肩膀與胸部等處未上陰影，衣領及口袋邊緣則是用畫線的方式呈現，強調出獨立區塊的感覺。

徽章重繪難度高
可改用水貼紙呈現

要用畫筆在1/20比例的人形上描繪出漂亮的徽章實在太困難了，不過改用水貼紙的話，任何人都能輕鬆重現。與實際徽章在尺寸和種類上完全相符的商品或許很少，不過既然是1/20比例的大小，似乎也無須太過在意。只要不是非常考證，單純是為了講究氣氛，其實也可以選用不同種類的徽章水貼。TAMIYA的「1/35德軍階級章水貼組（非洲軍團／武裝親衛隊）」（不含稅800円），或是「1/16 1/35德軍階級章水貼組」（不含稅800円），不僅容易購得，也收錄豐富的徽章種類，因此在此推薦給各位。

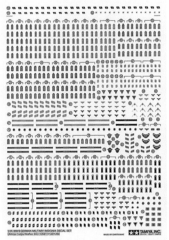

◀▲手臂的皺褶多，對比容易變得太過強烈，須多加留意。假組時，也別忘了確認光源方向。裙子的皺褶較大，要仔細乾刷亮部，打造出柔和的漸層。最後再上保護漆加入亮澤，並將鈕釦塗上 **R** 加以點綴。

如何透過塗裝
重現女性人形的髮流

要如何塗裝頭髮，其實也有許多種辦法，很難說哪個正確。再者，造型的呈現也非常多樣，因此必須去思考每個造型較適合的塗裝法。以人物模型來說，這次選擇的人形頭髮造型是由較大面積的髮束組成，這類範例雖然要在每個髮束加入陰影，不過並不是用滑順的漸層來呈現，而是改用畫筆的刷痕打造髮流。

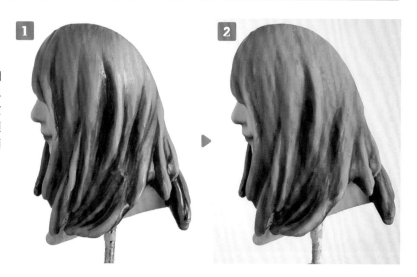

▼為了讓人便於掌握，另外在塑膠板上作業。

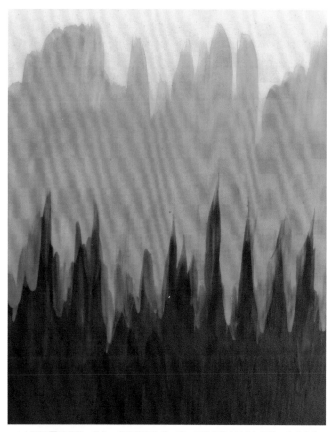

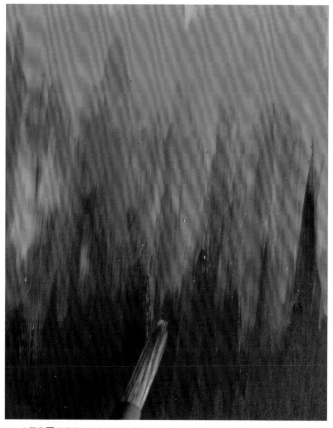

▲上圖是 **1** 的狀態。首先，像賽璐珞動畫一樣，用畫筆粗略地分色塗裝。移動畫筆時，要盡量順著髮流，接著「隨興地」混合顏色邊界。

▲上圖是 **2** 的狀態。此方法與油彩的混合方式不同，會沾取少量塗料進行。從亮色延伸至暗色時，就沾取亮色的塗料；若是從暗色延伸至亮色，作業則相反。作業時的重點在於當同一個位置還沒變乾前，絕不可重複上色，也不可以將畫筆回拉。

不斷挑戰3D列印人形塗裝
聽聽看國谷老師怎麼說

截至目前為止，我已經塗裝了好幾尊3D列印人形，接著就站在塗裝師的角度，與各位稍微聊聊感想。

坦白說，要畫好3D列印人形其實非常困難。我甚至認為，3D人形在造型方面的出色表現，根本就直接反應在塗裝的難度上。

所謂造型方面的出色表現，指的就是「骨骼與分量製作精準，擺出的姿勢毫無破綻，極為自然」、「能高度重現布料表面的微妙扭曲等複雜的曲面」。不過由此反推，也意味著「找不到大小合適的變形元素，缺乏張力，難以掌握細節」、「細部資訊過量，若要按照既有的方法塗裝，將需要高度的色彩敏感度」。其實無論呈現方式為類比或數位，模型產品的資訊都會經過相當程度的整理與省略，因此會更容易掌握資訊。過去在塗裝人形時，會用古典繪畫的方式描繪出陰影，目的就是將這些省略掉的資訊再次注入人形之中。不過，3D掃描卻使得立體資訊量大幅增加，同時非常精準，因此如何掌握與陰影的相對關係也就變得極為棘手。隨便出手反而會使資訊量減少，甚至讓3D看起來只像2D。當然，如果你具備處理所有陰影關係的技巧，當然不成問題，不過想要精準掌握的確非常有難度。那麼，有沒有什麼方法能夠稍微輕鬆地打造出漂亮的3D列印人形呢？幾經苦惱後，我捨棄了過往的塗裝理論，並刻意地避免描繪陰影。我先假設，如果造型正確的話，那麼自然形成的陰影也就不會有錯。於是我讓造型自由呈現出陰影，並將心思專注在質感的展現上。另外，我也不再以整面的方式捕捉顏色變化，現在我想和噴墨印表機一樣，透過點的疏密來呈現，如今仍然繼續摸索著這項技法。

質感呈現的技術，是參考電影的特殊妝化法以及1/6比例的人偶頭。不過，人形實際的尺寸很小，還是得做適當的調整以及陰影的變形處理。目前我是抱著這樣的思維做塗裝，若有讀者看了我的範例並打算模仿的話，不妨參考這次的How to 專欄。

最後跟各位閒聊一下，如果想靠塗裝讓人形更接近實際存在的模特兒，那可就難上加難了。畢竟一個是原型師掌握了模特兒的特徵後，塑造出如同「似顏繪」般的人形，而我們再用描圖的方式塗裝：另一個確是將完全沒有變形調整過的造型，靠自己整理出資訊後再塗裝，而兩者之間塗裝師所承受的負擔可是天差地遠。我認為，其實除了塗裝技術外，還需要其他不太一樣的技能。

國谷忠伸 ■

3D列印人形專業塗裝術

目標打造出宛如寫真集女郎的感覺

塗裝喜好因人而異。本書經常登場的mamoru，在塗裝人形時，最大特色就是每個人形在他手中都會變成美女。寫真女星就像是真的從寫真集跳出來般，肌膚的質感表現極為出色。更令人訝異的是，這所有的一切都只用硝基漆來呈現。本次範例使用了女星水谷望愛的3D列印人形。

製作／mamoru
Modeled by mamoru

■1／20 水谷望愛 NOSE ART QUEEN 人形
MODELKASTEN 1／20 樹脂灌模模型組
1／20 NOA MIZUTANI
MODELKASTEN 1／20 Resincast kit

運用硝基漆打造美女臉蛋

利用硝基漆，重現常見於寫真女星在寫真集中吹彈可破的肌膚。

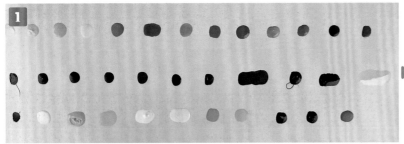

▲大致列出使用的塗料。肌膚依序塗裝了GAIA透明螢光粉紅→Mr.COLOR的LASCIVUS透明淺橘色→以2：1的比例，將GAIA膚色（光澤）混合Mr.COLOR亮光超級透明保護漆Ⅲ→最後再上層Mr.COLOR超級透明保護漆。

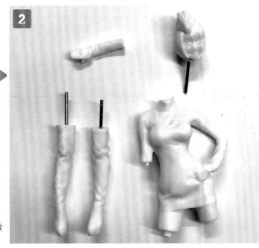

▶用筆刀或BMC模型刻線刀，處理完分模線，再整個用400號的砂紙稍微打磨，讓塗料的咬色效果更好。接著再塗上Finisher's的多用途底漆。

▲用Mr.COLOR的LASCIVUS透明淺橘色，在輪廓、鼻子下方、頭髮與皮膚邊界做暈染塗裝。

▲在Mr.COLOR紅木色加入透明漆稀釋，用來塗裝眼線。嘴唇的外圍線使用GAIA的透明螢光粉紅。

▲眼白使用GAIA的膚白色，並用Mr.COLOR的LASCIVUS透明淺橘色塗裝眼影。睫毛則是使用GAIA的午夜藍。

▲使用加了透明漆稀釋過的Mr.COLOR紅木色，描繪眉毛。再以Mr.COLOR紅木色與Mr.COLOR的午夜藍，分別塗裝眼睛與瞳孔，並確認整體協調感。

3D列印人形專業塗裝術

發揮3D列印特性
以層塗法打造人形

3D列印重現人形細緻的衣服皺褶，無須像製作一般人形一樣，需要再透過陰影的描繪追加細節，只要運用入墨線的技法，就能既簡單又有效地呈現陰影。這次的肌膚選用遮蔽性較強的vallejo做加工。

製作／太刀川カニオ
Modeled by Canio Tachikawa

■1/20立花早紀 舊蘇聯飛行衣造型人形
MODELKASTEN 1/20 樹脂灌模模型組
1/20 SAKI TACHIBANA
MODELKASTEN 1/20 Resincast kit

1/20 SCALE SAKI TACHIBANA
HIGH ALTITUDE PRESSURE SUIT FIGURE

以歐洲塗法打造美人臉蛋

運用層塗（將塗料重疊使用）效果極佳的vallejo塗裝肌膚，其他部位則是視情況選用油彩或Citadel顏料。

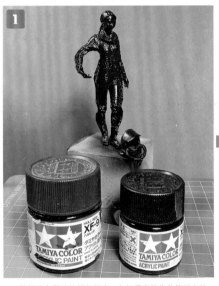

▲整個噴上最暗的顏色打底，在無須畫筆作業等不必繪製的部分留下陰影色。這次是使用TAMIYA壓克力漆艦底紅＋黑色混色。

▲首先，以遮蔽性較強、Citadel底色的RAKARTH FLESH＋白色塗裝，並稍微帶點陰影。眼睛則是使用白色。

▲瞳孔、眼線、睫毛與嘴巴線條，使用乾燥速度較慢的油彩描繪，重點在於要用筆尖沾取顏料的方式塗裝。超出範圍的部分則加以整修。

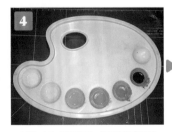

▲以vallejo打造肌膚。以基本肌膚色調打底，並分別將白、橘紅、朱紅、深赭色擠入調色盤做調色。

▲將塗料分別稀釋成4倍左右的程度，重疊塗裝漸層效果，呈現出陰影與肌膚帶紅的感覺。塗裝女性人形時，必須將最暗的面積減至最少。

▲衣服同樣是用Citadel的基本色調打底，接著嘗試用Mr.WEATHERING COLOR的綠色及棕色加入陰影。

▲安全帽的帽沿塗成黑色，並由外往內加入白色漸層，待乾燥後再上透明亮光漆。就算不是做成透明的零件看起來也能非常真實。

3D列印人形專業塗裝術

靈活運用化妝技巧
才有辦法打造出的塗裝成果

作者香月りお是本書唯一一位女模型師。香月塗裝的
人形肌膚水嫩，成品更是令人驚豔。其祕訣除了仔細
的打底處理、反覆重疊多層的塗料以外，還包含堪稱
與生俱來的化妝神技。

製作／香月りお
Modeled by Rio Kouzuki

■ 1/20中村櫻「德軍 美國軍團」
MODELKASTEN 1/20樹脂灌模模型組
1/20　SAKURA NAKAMURA
MODELKASTEN 1/20 Resincast kit
※ 模型組是先將人形3D掃描輸出後，
再由竹一郎塑形製作。

打底處理與肌膚塗裝

藉由仔細的打底處理，使肌膚看起來栩栩如生。

▲將人形浸在樹脂洗淨液（離型劑）15
分鐘，去除模型上的脫模劑。接著將
模型放入鍋中，接著加入中性洗劑，
以熱水煮片刻。洗淨後待其乾燥。

▲進行表面處理前，先用麥克筆（使
用鋼彈麥克筆）在模型組的分模線＆
有氣泡的位置做記號，便能減少失誤。

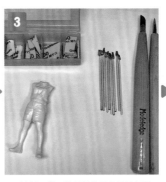

▲以斜口鉗、筆刀型銼刀等工具仔細
地處理表面。這裡推薦各位道刃物的
Modeledge 雕刻刀、「n blood model
tool」的牙籤銼刀以及神銼刀。

▲以鐵絲或黃銅線固定模型，費一點
心思固定擺放於台座上（使用STUDIO
MEZASHI的產品）。接著用中性洗劑加
以清洗。

▲在要黏合的部分貼上遮蔽膠帶，避
免事後附著底漆補土或塗料。塗裝完
畢後，要黏合零件時才撕下膠帶。

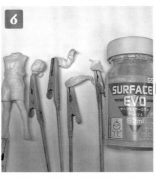

▲塗裝底漆補土。針對表面處理較不
足的地方再作業一次。這裡是使用
GAIA EVO的膚色底漆補土。

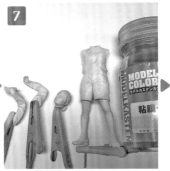

▲在會形成陰影的位置，用噴筆漆上
MODELKASTEN的黏膜部位用透明
漆，只須稍作噴塗即可。

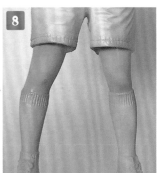

▲接著在陰影更明顯的位置，用噴筆
漆上MODELKASTEN補土膚色，真實
色（SURFACER LESS FLESH REAL）。

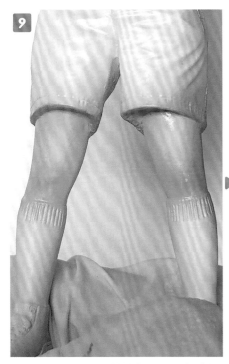

9

▲想要帶點紅的部位，以噴筆漆上Mr.COLOR的珊瑚粉紅色。膝蓋、手指、膝蓋後側的噴塗量需要多一些。

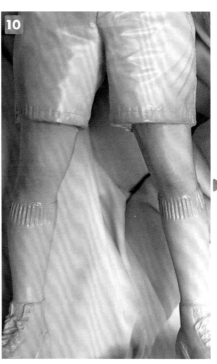

10

▲接著用噴筆整個噴塗GAIA的膚白色，使顏色融合。注意不可噴附過量，會導致顏色整個變白，效果接近膚色時便可以停手。

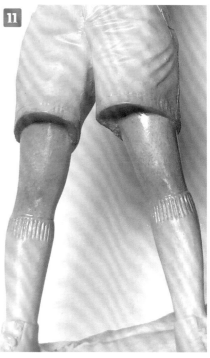

11

▲將紅色與橘色的透明琺瑯漆（比例為5：5）稀釋成水狀，並以噴筆做噴砂塗裝。若是不慎作業失敗，可以畫筆或棉花棒沾取琺瑯漆稀釋液，擦拭後重塗。

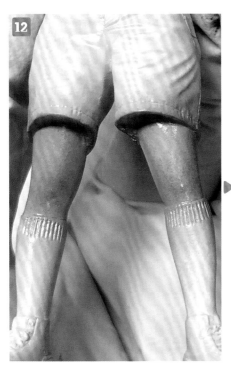

12

▲將GAIA的藍綠色稀釋到明顯變成液狀，再以噴筆整個稍作噴色。稍微顯色時便可停止。

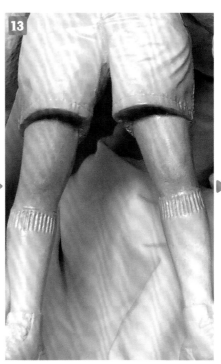

13

▲用噴筆調整肌膚顏色。以GAIA的透明黃加點黃色色調，接著噴上Mr.COLOR LASCIVUS的白桃色。作業時要不斷確認色調，疊上薄薄的顏色，避免噴附過量。

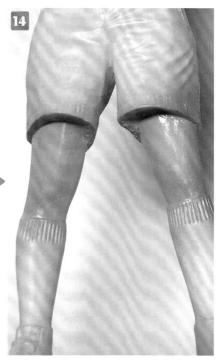

14

▲將Mr.COLOR的消光白漆稀釋成液狀後，以噴筆整個塗裝。噴附過量會整個變白，因此噴塗時可拉開距離。調整出最後自己喜愛的顏色後，再上透明亮光漆作保護。

▲塗上眼白。在消光白的琺瑯漆中混入少量中藍色，並用噴筆塗裝在眼睛四周。在眼睛除外的部分噴上琺瑯漆稀釋液，接著上層亮光漆作保護。

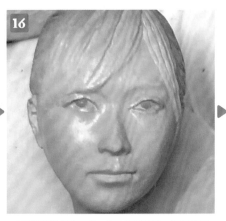

▲想像著視線的方向，並為眼睛打底。以畫筆取Mr.COLOR消光白混合少量Mr.COLOR中藍色的調色打底。如果可能多次重畫，那麼打底時較推薦用琺瑯漆來描繪草稿。

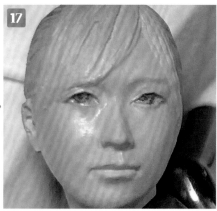

▲決定好位置後，用Mr.COLOR中藍色塗繪瞳孔，接著描繪虹膜。虹膜先用較深的顏色稍微描繪後，再以較淡的顏色從瞳孔朝向外側，畫出像是集中線（※註1）的線條。

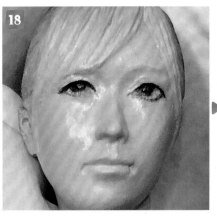

▲用畫筆將透明藍琺瑯漆暈開，讓顏色稍微超出黑眼珠的部分。接著在透明橘的琺瑯漆混合些許棕色琺瑯漆，用畫筆塗裝黑眼珠。

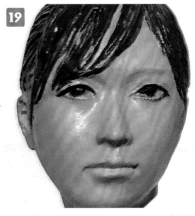

▲處理臉部細節前，先用Mr.COLOR RLM74灰綠色混合暗土色，以畫筆塗裝頭髮。此階段尚未塗裝頭髮細節，後續會再用消光黑色的琺瑯漆入墨線。

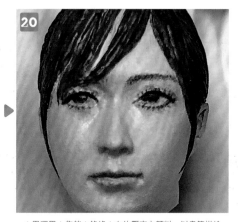

▲用深黑＋焦赭＋鉻綠＋白的壓克力顏料，以畫筆描繪睫毛、眉毛等處。嘴唇則是以紫羅蘭＋白＋永久鮮紅＋永久深黃的混色塗裝。

▲妝容的部分，是將PAN PASTEL調色後使用，失敗時可用軟橡皮擦適當修正。混合白＋粉紅＋紅，用畫筆在臉頰、鼻梁、下顎、膝蓋等想要加點紅潤感的部分稍加點綴，使其帶點顏色。

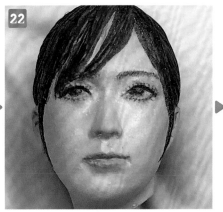

▲沿著T字部位（額頭至鼻尖），加入PAN PASTEL的白色作為亮部。在頭髮與肌膚的邊界以及下巴，加入些許PAN PASTEL的棕色，並使顏色融合。

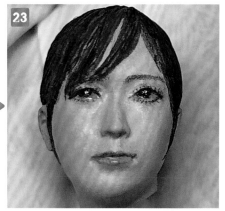

▲上透明消光漆作保護。乾燥後，再用畫筆取透明的亮光琺瑯漆塗裝眼、唇部位。變乾後，再次用畫筆塗刷上透明亮光漆。

※註1　集中線：主要出現於黑白漫畫的技法之一。

林 浩己
Hiroki Hayash

1965年出生，現居日本神奈川縣。自由商業人形原型師。1999年前後成立了人形模型品牌「atelier iT」，產品既仿真又美麗的造型深獲好評，無論日本國內外皆擁有龐大的愛好者。

女性人形界的先驅
林浩己追求境界為何？

在本書開始的對談中也有出現，領導著「atelier iT」的原型師——林 浩己。身為女性人形界的先驅者，林老師製作的人形擁有大量的忠實愛好者。接著讓我們來問問林老師對於女性人形的看法。

——詢問本書介紹到的模型師「哪尊人形讓你印象最深刻？」這個問題時，很多人都提到由您負責原型設計的人形呢。

林 非常感謝大家的厚愛。

——這次要請教您對於「女性人形」的看法。首先，請問林老師為什麼會成為人形原型師？

林 我原本就喜歡模型，其中又特別喜歡TAMIYA的「人形改造比賽」。從小學起，只要TAMIYA出刊就會買來看。自己當然會想要做做看，不過不完全不知道方法，身邊也沒有懂這些的人。但我還是很喜歡依樣畫葫蘆，用黏土隨興玩樂，卻沒有一次真正完成作品，所以不曾投稿比賽。一直到國中的時候，在《Hobby Japan》看見有人做了 Pink Lady 小未的仿真人形，當時才發現「竟然有這樣的模型類型！」而深受震撼呢。我本身也很喜歡製作人形，就算沒有實際接觸，也讓我留下非常深刻的印象。後來其實沒什麼在製作模型，反而是往繪畫發展。有時會臨摹《小拳王》之類的漫畫，或是畫畫偶像的臉。那時，我還曾在《ROADSHOW》雜誌畫過勞勃狄尼洛的點畫並獲獎呢。不過我並沒有進入美術系，完全就是出於自己的興趣。

——喜愛人形的人，似乎都會懂一些繪畫呢……。

林 後來到了必須決定接下來要怎麼走的時候，就想說不然繼續走畫畫這條路好了。不過當畫家有困難，所以就以設計師或繪畫相關類別為目標。我當初雖然是足球隊，卻在唸完高二時轉到美術系，也開始學素描。接著又找了間學費最便宜的設計專門學校就讀，並進入設計事務所工作。不過，當時發現這不是能做一輩子的工作，於是毅然決然地辭職。正當我在思考自己想做什麼的時候，忽然間就想起國中時看見的 Pink Lady 仿真人形。會學畫畫當然就代表自己也喜歡插畫，不過我小卻也喜歡著立體物。像是戰車、車子都愛，但最喜歡的還是人。於是當時便有「如果要選，當然是選擇人啦！」的想法。

——原來還有這麼一段過去啊。話說回來，這是多久以前的事呢？

林 正好是30多年前的事吧。現在的仿真人形水準已經蠻高的，不過當時還沒有像現在的水準。我還把盡心思製作的作品拿去雜誌社，感覺就像是從雜誌社出道一樣。

——林老師製作了各種比例的女性人形，請問當中有沒有什麼自己很講究的部分呢？

林 雖然不算講究，不過在製作1/20比例的人形時，會思考臉的部分究竟要描繪到什麼程度。如果真要描繪，其實還是有極限呢，所以常卡到到底畫不出想要的臉蛋。1/20比例的話，有時可能會成功，有時則會失敗，但1/35就真的要靠運氣了（笑）。啊……如果是書中提到的模型師，應該有人完全沒問題，不過正常來說還是很難的。

——從價格和大小來看，最好入手的應該是1/20了吧。對了，林老師在製作人形時，會重視哪個部分呢？

林 最近的話，會思考對方的背景，或是對方是怎樣樣的個性。這些其實都能從人形中感受得到呢。另外也可能因此讓觀者產生共鳴，甚至會有就像在講述自己的故事的感覺。之前我都把重點放在造型要夠好、臉蛋要夠美，不過現在會覺得要根據當事人的性格打造臉蛋，思考現在這個人的狀況究竟如何。我發現透過這種方式製作人形，其實是能把其中的感受傳達給消費者。

——其實不只是戰車模型，這是所有模型的共通之處呢。那您認為女性人形的魅力在哪裡呢？

林 當然是能夠依自己的喜好打造出成品。雖然不是養成遊戲，不過我應該也是在呈現自己喜歡的類型。我是這樣啦，打造成自己喜歡的型（笑）。

——最近也多了很多女模型師呢。

林 女模型師在塗裝女性人形時，都會心想著變可愛、變可愛呢，感覺就像小心翼翼呵護自己的分身，說不定也像是為自己化妝一樣？這點男女之別還蠻有趣的。人形經過不同人的手，再從中去找出畫者的色彩，也是件有趣的事呢。

——最後，請教林老師今後是否有想做的作品，或是有什麼樣的目標？

林 現在MODELKASTEN已經開始推出3D列印人形，當然就能從中獲得真正的「真實」。所以現在如果只追求那份真實，勢必將無法打造出自己的作品。我認為必須思考如何靠自己去展現出人形的個性，因此最近推出了《帝都少女》這款帶有非現實感的人形。另外，近期也掀起了一股把動漫角色打造成仿真風格的熱潮呢。思考自己要把想製作的角色以怎麼樣的方式呈現後，再實際打造出作品來，這段過程實在非常有趣。接下來我應該也會多嘗試這類型的製作，完全就是朝自己喜歡的方向發展（笑）。我希望忠於自己所愛，這一點從以前就不曾改變。還有，我也會以「每次推出的最新作品都是最厲害」作為目標，看來必須每天不斷精進了。

——相信「atelier iT」接下來的作品也會相當吸睛呢！謝謝老師！

（2019年3月 於東京某處）■

第3章
不可不知的
職人祕招

　　既然有非常非常多人沉浸於女性人形帶來的樂趣，接下來就來介紹《Armour Modelling》月刊也曾刊載過的職人祕招。首先，會介紹主要用在戰車模型中常見的1/35模型的塗裝法，以及從零打造的作業方法。1/35的女性人形臉部小，難度較高，不過另外還會搭配許多同比例的裝飾物與塑膠模型，能夠藉此打造出情景模型，重現情境，作品的呈現也會更加多元。女性人形當然能與戰車模型相搭配，因此對AFV同好來說同樣能加以運用。接著就讓我們來見識一下將硝基漆發揮到極致的伊藤康治、精通以噴砂塗裝打造美人的國谷忠伸、善於配合情境製作女性人形的中須賀岳史，以及既是原型師，同時還擁有頂尖塗裝功力的竹一郎，這些各擅一方的模型師有哪些精彩的技法表現吧。

以硝基漆塗裝1/35女性人形

為詼諧情景模型所準備
伊藤風格的女性人形

伊藤康治是在人形改造大賽中經常登場的資深模型師。硝基漆總被認為是乾燥速度快，較難重新塗裝的塗料，不過卻非常容易取得，價格亦是親民。接著就來介紹使用硝漆基的伊藤風格塗裝法。

製作／伊藤康治
Modeled by Koji Itoh

■俄軍女兵休息組　1939-42年（4尊人形）
1/35 ICM 射出成型塑膠模型
Soviet Military Servicewoman 1939-42 (4 figures)
ICM 1/35 Injection-Plastic kit

活用乾燥速度的塗裝法

利用緩乾劑，延遲硝基漆的乾燥時間，一舉塗裝女性人形。

▲想要做出吐舌裝可愛的表情，於是我從塑膠邊框切取剩材作為舌頭，黏在嘴巴後，加工成該有的形狀。

▲臉部與四肢肌膚，是用畫筆塗裝Mr.COLOR 51號淡棕色＋Mr.COLOR 3號紅色的混色，須確實乾燥。

▲用淡棕色乾刷後，再用面相筆的筆尖沾取Mr Leveling Thinner稀釋液混合。減緩乾燥速度，爭取更多的作業時間。

▲用稀釋過的Mr.COLOR 42號紅木色入墨線後，再用面相筆以筆尖沾取Mr Leveling Thinner稀釋液混合。

▲描繪出眼白，並用中藍色畫出眼睛。處理完滲出部分後，再以偏紅的膚色補強嘴唇及臉頰等部位。

▲用Mr.COLOR 22號暗土色塗裝完頭髮後，再以乾刷的方式，呈現稀釋過的Mr.COLOR 4號黃色。

好難塗裝！
能夠充分發揮硝基漆的工具

使用硝基漆調色時，可以添加少許的 Mr. Retarder Mild 緩乾劑，以筆尖沾取運用時會更加順手。在瓶蓋裝上 TAMIYA 接著劑的筆刷來沾塗料，會比直接用滴管更便利，以調色盤混色時務必嘗試看看！硝基漆雖然無法重新塗裝，也較難畫出漂亮的漸層，但基本上都能用粉彩或 TAMIYA 的舊化粉餅補救，推薦各位不妨列入選項之一。舊化粉餅和粉彩一樣，非常容易附著於消光漆的塗裝面上，建議在塗裝消光漆的最終步驟再使用，效果會更好。

1/35 比例女性人形的最大魅力，就在於能和其他人形和小物搭配，打造成情景模型。這次便搭配模型組中的男性人形並製作地面，打造出想曬內衣卻因此被責罵的詼諧作品。

粗糙肌膚變美女的祕訣──噴砂塗裝實踐

小比例人形也能施做的
噴砂塗裝技法

本書第2章已經運用鈴木咲的人形施做過「噴砂塗裝」。接著要介紹如何將「噴砂塗裝」應用在1/35比例的女性人形身上。

製作／國谷忠伸
Modeled by Tadanobu Kuniya

■女攝影師「黛安娜」
DEF.MODEL 1/35 樹脂灌模模型組
Female Photographer "Diana"
DEF.MODEL 1/35 Resincast kit

什麼是噴砂塗裝？

各位應該較少聽聞過噴砂塗裝這個技法，這裡要用圖示依序解說噴砂塗裝的方法及理論。

1

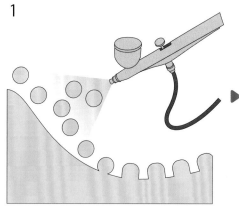

▲取比適當距離更遠的位置，用噴筆將硝基漆像輕輕撒粉一樣地上色，就會形成粗糙、不光滑的漆面，這樣的方法稱為噴砂。目的如圖片所示，是為了達到大顆的顏料粒子在排列時，彼此能隔出間際的狀態。

2

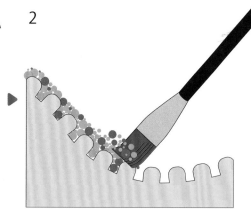

▲在1的表面刷上琺瑯漆做覆蓋。圖片雖然一次混入了多種顏色，不過實際作業時要單色逐一進行。

3

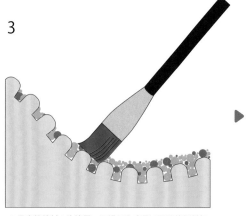

▲用畫筆擦拭2的塗層，不過埋入步驟1間隙的顏料無法擦拭乾淨。從平面觀察時，看起來就像是許多顏色圓點排列成的點描畫。

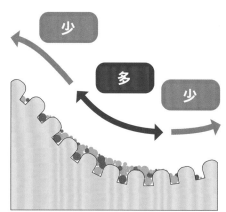

▲重複步驟2～3，希望能呈現出點描畫般的效果。不過實際作業時，很難精密控制顏色圓點的配置，因此需要藉由顏色的疏密差異加以調整。最後再上層透明亮光漆作保護，表面就會呈現光滑狀態。

▲整個塗滿艦底色，作為肌膚的最暗色。注意較深的部分也要充分上色。

▲噴砂塗裝粉紅色與中間色調的膚色，最理想的狀態是所有顏色都能以圓點狀排列。注意不可從比臉部正面還要低的角度噴塗。

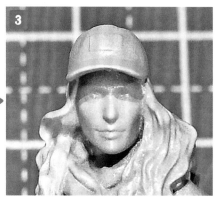

▲用稀釋過的亮部膚色，以帶點角度的方式，從上方朝臉部正面噴塗。達到稍微看得見底色的程度時，便可停止作業。

▲完成肌膚基本塗裝時的狀態。重點是在細節下方保留暗色，展現立體感的同時，還要避免以整個面為單位作分色塗裝。

▲以棕色的琺瑯漆強調陰影。人形比例愈小，就要愈強調明暗對比。上陰影的位置與塗裝一般人形時的做法相同。

▲使用畫筆沾取乾淨的稀釋液，擦掉棕色。噴砂塗裝後，表面會變得粗糙，但無須完全擦拭乾淨，可保留些許調性。若不慎擦拭掉太多棕色，再重新塗裝即可。

▲顏色的呈現會受到周遭其他顏色的影響，所以要先暫時塗裝臉部四周的其他部位。在眼線畫上灰色，與肌膚色調融合，避免對比太過明顯。

▲若陰影覆蓋到其他不必要的範圍，或是邊界顯得雜亂，可用沾有稀釋液的墨線橡皮擦，以按壓的方式吸附塗料。

▲透過眼線描繪出眼睛的輪廓。先不要管眼睛內側，專心畫好輪廓即可。在這個步驟之前，先於眼睛四周塗上亮光漆，描繪細部時會更加輕鬆。

10 ▲畫完眼線後，上層透明亮光漆作保護，接著繼續描繪眼白。眼線粗細能透過眼白加以調整。這時也可依照描繪陰影時的要領，在臉頰與嘴唇加點紅潤感。光是處理臉頰與嘴唇，就能讓整體看起來更富血色。

11 ▲確認視線與表情的同時，先畫出小小顆的眼睛，再慢慢加大。注意瞳孔必須落在嘴角的正上方，調整至看起來自然為止。注意瞳孔並非正圓形，上方1/3左右會被眼瞼蓋住。

12 ▲接下來是化妝作業，也是塗裝女性人形才有辦法享受到的樂趣。畫出眉毛，接著用比先前眼線顏色更深的暗灰色系，重畫眼線。只要不超出前面步驟的眼線範圍，基本上都能成功畫好。

13 ▲再次塗裝眼白，並調整眼線。塗裝眼白時的重點在於要能看見透出的眼白，這也是順利進入下個步驟前非常重要的環節。

14 ▲再次描繪出眼睛。看得見眼睛的打底色，所以不用煩惱該塗在哪裡。用比眼睛稍亮的顏色描繪虹膜，就能展現生命感。口紅的部分，上唇顏色要偏暗，下唇加入亮部便能增加立體感，變得更有魅力。口紅的色調與光澤度會大幅改變給人的印象，所以一定要調整到讓自己滿意。

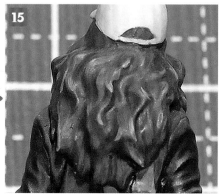

15 ▲這次是髮量較多的波浪捲髮型，因此每個髮束都加入了亮部與陰影。首先，整體塗裝上基本色，接著用比基本色更暗的色調描繪髮束輪廓，再順著輪廓描繪亮部。部分位置隔著濾網塗裝透明紅色，營造出光澤深度。最後再進行消光處理。

衣服的塗裝步驟基本上與肌膚相同，不過要呈現出衣服質地卻很困難。只要根據不同材質調整塗裝方法，便能區隔出衣料上的差異。以這次的衣服塗裝來說，是用紅棕色打底，接著塗上半亮光黑色並保留底色色塊，展現出使用過的痕跡。在亮部稍微加點帶藍的灰色，就能同時呈現日曬後的褪色質地。鞋帶等細節部位，利用色階變化做塗裝，看起來會更亮眼。在做這類塗裝時，不要被單一方法所侷限，建議各位挑選自己覺得最合適的塗裝法。

模型只要放大後，基本上便能看得很清楚；而數位造型人形或許是因為製作環境的關係，就算經過放大，大多數也會是變形較少，相對真實的產品。如果把變形量假設為造型的解析度，那麼 DEF.MODEL 的人形會讓人感覺解析度更高。我更認為，將造型的解析度結合塗裝的解析度，便能打造出自然的感覺。實際作業時，重點便會是如何取得明度與飽和度在對比上的協調，以及與造型相符的細部描繪。尤其是陰影的誇大程度，還要考量與實際大小是否相搭配，因此必須多加留意。如何取得協調性會反映出繪製者的性格與想法，聚焦此部分深入觀察其實還蠻有趣呢。

國谷忠伸■

以 1/35 女性人形打造 AFV 情境模型

與裝甲戰車一同登台
女性人形就是那麼吸睛！

會在 AFV 情境作品中登場的，幾乎都是戰車、軍隊人形這類比例為 1/35 的模型。不過，1/35 比例的品項也開始出現不少的女性人形。接下來在介紹 1/35 AFV 情境模型的同時，也要告訴大家如何運用 1/35 比例的女性人形來增添樂趣。

製作／中須賀岳史
Modeled by Takashi Nakasuka

■海報女郎 6 尊 40 年代風
歐洲平民女人形 二戰期間 3 尊女性＋1 尊女童
皆為 Master Box
1/35 射出成型塑膠模型組
Pin-up
Women of WW II era
Master Box 1/35 Injection-Plastickit

▲本產品雖然是塑膠材質，卻擁有逼近樹脂灌模型的品質。剛開始先假組，試著擺上甲板。因為要擺在有高低落差的傾斜處，臀部與大腿會騰空，必須加以修整。

▲維持原本的骨架，填埋AB補土做成長裙，遮蓋腰部到膝蓋範圍。使用的是TAMIYA造型AB補土快乾型。以沾溼的牙籤按壓或滾動，加以塑形。

▲接著做出上衣。不斷地追加或減少AB補土塑形，重疊處或接縫等較不自然的部分，要以畫筆沾取硝基漆稀釋液，撫平成光滑狀。

▲臉部的塗裝主要使用油畫顏料。由左到右，分別是焦棕色、焦赭色、赭黃色、鎘黃色、深茜紅色、鈦白色、象牙黑色。

▲帶點古老風味，不怎麼像現代的秀逸造型。若是直接塗裝，人形的肌膚表面會稍嫌粗糙，因此要以800號砂紙仔細研磨。

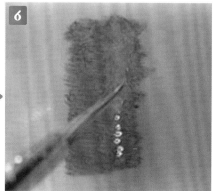

▲油畫顏料的乾燥速度慢，所以在暈開顏色邊界時會比較容易混合。塗繪重點在於以畫筆輕輕地拍點，促使顏料融合，而不是用擦抹的方式。

▲和實際化妝一樣畫上腮紅。男性人形也會加入腮紅以增加血色，不過女性的腮紅要稍微偏粉色，看起來才像是化妝。

二次大戰期間，德軍占領歐洲各國，而聯軍於 D-DAY 登
陸後打破此情勢，讓市民歡喜不已。此作品重現了大戰
後期可見於歐洲各地的其中一處場景。雖然塑膠製的女
性人形產品數量有逐漸增多的趨勢，但要找到大量能符
合本作品情境的人形卻相當困難。不過只要學會文中介
紹的改造法，便能應用在各種場景當中。1/35 比例對
初學者而言或許非常小，但卻是戰車模型的標準比例，
因此有多到數不清的車輛及裝配產品能夠選擇。

女性人形
在情景中的魅力與效果

以Master Box與Mini Art為首，模型業者皆有銷售1/35射出成型的塑膠製女性人形。在過去，即便包含樹脂灌模的產品，「1/35女性人形」的選擇項目仍然相當有限。但自從進入2000年代後半，就連射出成型的塑膠製女性人形選項也逐漸增加，甚至多了不少在各類情景模型中登場的機會。與樹脂灌模材質相比，射出成型的塑膠人形較容易加工與改造，要改變姿勢也相對簡單。改造成自己想要的姿勢、狀態與服裝，人形變得就像是能夠點綴情景的女星，帶來莫大的效果。

會在戰車模型裡登場的人形，當然都是以男性軍隊為主，這也使得於展示會或大賽中出場的女性人形特別出眾。亮眼的女性人形佇立於戰車、迷彩服等多半由暗色調組成的軍事情景時，單是擺入1尊就能起到強烈的吸睛效果，成為作品相當主軸甚至是主題般的存在。

在戰車模型的世界觀當中，也有些女性人形登場的場景。像是刊載於本作品中，與平民交流的畫面或是女兵等，即便是市售產品，現在也已經有不少重現上述情景的選項。各位當然可以不做任何加工直接使用，但是熟悉之後，不妨試著像範例一樣加以改造，運用在各種場景中。將女性人形擺入在軍事場景作品裡還有非常大的發展空間，就讓我們偶爾運用女性人形增添耀眼度，試著打造出傑作吧。

Armour Modelling 編輯部■

從零打造女性人形

原型師親手打造
1/35女性人形的舞台背後

實際塗裝女性人形之後，也會想要試著自己做看看人形。從零打造絕不容易，這裡就讓我們來觀摩商業人形原型師——竹一郎的塑形術及其人形加工術。

製作／竹一郎
Modeled by Ichiro Take

■從軍護士
1/35 自製模型
Military Nurse 1/35 Full Scratchbuild

使塗裝更順利的工作術

只要人形的塑形品質夠好，就能大幅降低塗裝的困難度。要讓人形充滿魅力，祕訣是必須從塑形階段開始著手。

▲製作頭部。以牙籤頭作為內芯，為了加強附著力，先抹上瞬間膠，接著再用Cemedine的木工用AB補土，做出頭蓋骨形狀的骨架。

▲身體同樣是利用牙籤填抹木工用補土做出骨架。此款補土雖然質地較粗，但硬化速度快，硬化後還能輕鬆打磨。

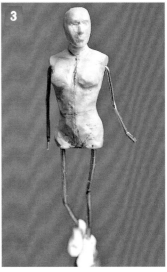

▲在身體的骨架接上頭部與銅線（0.7～0.9mm）作為四肢。參考美術解剖圖等資料，決定手腳長度。綁繩靴則是先用塑膠板削出基本形狀。

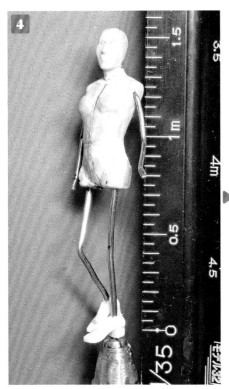

▲人形身高設定為150cm接近160cm。雖然稍微高於當時女性的平均身高，不過與既有的1/35人形相比，感覺還是嬌小許多。

▲打磨填抹在骨架上的AB補土，做出基本的人體身形。在背後插入較粗的金屬線作為握把。

▲利用AB補土，在一開始做好的頭部骨架加入臉部肌肉。這裡是混合TAMIYA棕色的快乾型與白色的高密度型造型AB補土來製作。

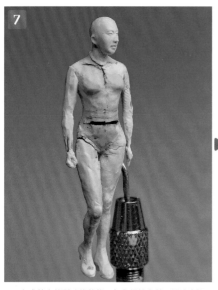

▲完成基本外型時的狀態。加入細節之前，要確實調整好比例。原本左手是要擺出握著扶把的姿勢，不過最後做了變更。

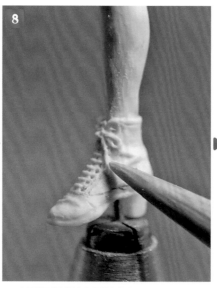

▲先用塑膠材料做出綁繩靴的基本形狀後，再以AB補土加入細節。南方地區也會穿著短靴。

▲以塑形用的AB補土製作衣服。使用工具時則可隨時沾水，避免沾黏補土。

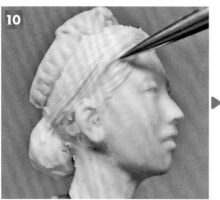

▲完成臉部的基本形狀，待完全硬化後，再抹上補土，製作頭髮及耳朵細節。

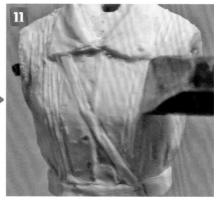

▲進行細部作業時，要評估補土硬化的情況（約莫是混合補土1小時之後）。

▲幾近完成狀態的頭部。為呈現出當時日本女性的感覺，還參考了戰爭時期的照片集與婦人雜誌。

▲水壺是取自MODELKASTEN昭五式戰車兵模型組中的舊式水壺。後期則是使用與陸軍昭五式同款的水壺。

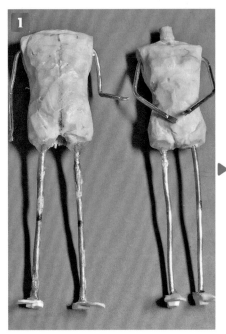

▲用Cemedine的木工用補土製作人形的身體。接上要作為四肢的銅線製成骨架，並以塑膠板製作鞋底。

▲在牙籤頭填抹木工用補土作為骨架，接著再以AB補土製作出頭部的肌肉。

▲耳朵則是等整個完全硬化後，再填抹微量的AB補土製作。

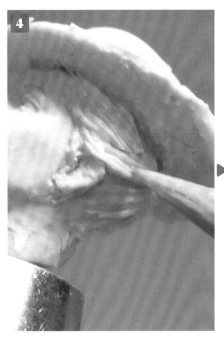

▲耳朵硬化後，再填抹AB補土製作頭髮。考量整體髮量與髮流的同時，在補土半硬化狀態下施作出頭髮的造型。

▲幾乎完成整體造型的狀態。接著要噴附底漆補土，針對細微的損傷加以修正。

▲塗裝基本上使用Mr.COLOR的塗料，並以稀釋過的壓克力顏料漬洗凹處的要領，畫出衣服的陰影。

第一次世界大戰德意志帝國航空隊飛行員＆平民模型組（A）
第一次世界大戰德意志帝國航空隊飛行員＆平民模型組（B）
皆為 1／32 MODELKASTEN
射出成型塑膠模型組

本範例是為了《SCALE AVIATION》雜誌 2012 年 1 月號的「WINGNUT WINGS」特集
所製作的作品。WINGNUT WINGS 推出的一戰飛機模型品質相當革新，得知當初那
位一次世界大戰迷的導演彼得‧傑克森為何會成立 WINGNUT WINGS 後，不禁思索
如果想開發出超厲害的模型組，或許該以成為電影導演為目標。雖然要我拍電影當
然是絕對不可能，不過還是可以站在導演的立場，思考如何呈現出情景故事。只要
買個 AB 補土和金屬線，就能解決必須請明星來飾演角色的費用。　　　竹 一郎 ■

▲在頭部與身體接縫填埋微量的AB補土,使用沾水的竹籤作業。

▲層疊所產生的明顯落差,則是塗抹上底漆補土,並拿水砂紙或鋼絲絨打磨。

佐藤ミナミ
1/35 MODELKASTEN 樹脂灌模模型組
製作/竹一郎

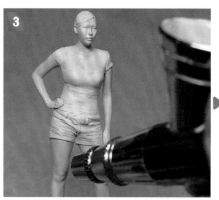

▲為了增加顯色,整體稍微噴上Mr.COLOR的白色消光漆後,再噴附調亮的膚色。

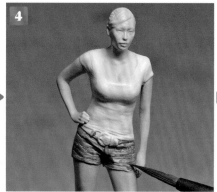

▲使用面相筆,針對各部位做分色塗裝。

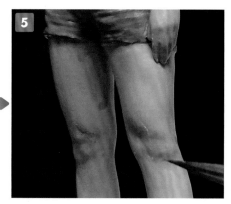

▲以粉紅色或橘色,在膝蓋、手指等處增加肌膚的紅潤感。使用畫筆沾有稀釋液,在與肌底的邊界處將顏色輕輕抹勻。

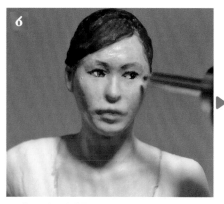

▲若是不好用畫筆描繪眼睛,可改用Copic麥克筆。不過須注意乾燥後要避免不慎觸碰,也不可以漬洗。

▲針對凹處,以漬洗的方式塗上稀釋過的灰色壓克力顏料,畫出上衣的陰影。

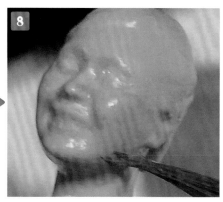

▲下顎等處會形成的深色陰影,不要只是單純地使用焦褐色,若能添加點綠色或灰色,看起來會更加自然。

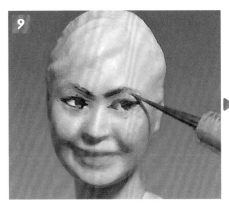

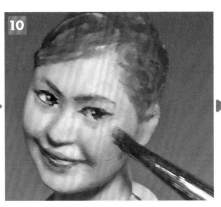

▲使用極細的面相筆描繪眉毛。不要立刻使用深色，先以混合膚色的淡褐色開始重疊描繪，並以畫筆沾取稀釋液，謹慎地在眉際處將顏色暈開。

▲臉頰等帶紅的部位，則使用稀釋過的壓克力顏料或油彩，將周圍暈染開來。也可選擇直接抹上粉彩粉末。

▲以紙調色盤進行塗料的混色。由於調色盤上的塗料很快就會乾掉，這時可以在稀釋液中加入緩乾劑，把塗料溶開後再使用。

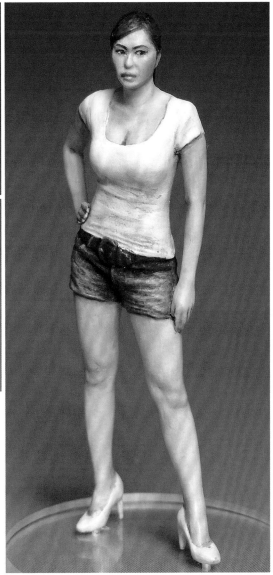

塗裝基本使用Mr.COLOR的塗料，不過用硝基漆塗裝人形很容易形成不自然的光澤，這時可噴附稀釋過的消光添加劑，便能輕鬆降低光澤感。使用Mr.COLOR 189號的消光添加劑（亮面），比較不會變得像是噴上一層粉末，看起來效果會很漂亮。不過，若是整個做消光處理反而會讓人覺得單調，所以肌膚等部位可保留些許光澤，並針對皮革、金屬等加以修補，恢復應有的光澤。最後再針對部分位置重新入墨線，呈現出深度。

第4章
不可不知的
職人祕招
②

本章將介紹未來不妨挑戰看看，比例稍微大於1/35的女性人形，以及超厲害的祕密妙招。女性人形的比例愈大，就愈需要塗繪。不過，只要能做好塗繪工作，就能打造出自己喜愛的女性。文中提到的模型師，包含了透過改造、植髮，甚至是描繪出肌膚血管，大幅提升人形解析度的青木桂一、僅僅運用ACRISION水性漆就能畫出如同真實牛仔褲質感的太刀川カニオ、徹底發揮Vallejo，將自己喜愛的美女打造成人形的村上圭吾，以及女性人形界巨匠，國內外皆擁有大量粉絲的田川 弘。每位職人擁有的技術或使用的塗料縱使不同，卻都身懷祕招，經下來便將取部分內容加以介紹。希望各位至少從中學會一項感興趣的技巧，並展現在自己的女性人形上。

青木桂一的超高解析度祕訣

融入植髮技術的改造巧思
塗裝出令人驚艷的肌膚質地

觀賞青木製作的人形照片時，絕對不會想到那竟是
1/35比例的人形。就算再怎麼小，看起來也應該
有1/20比例吧？正因為人形的解析度夠高，才能
有如此呈現效果。不過究竟是怎麼樣的祕招，才有
辦法提升「解析度」呢？

製作／青木桂一
Modeled by Keiichi Aoki

"Women at War: US Navy WAVES"

■美國海軍女兵2尊、水兵軍官及寵物（猴子＆鸚鵡）
1/35 Master Box
射出成型塑膠模型組
US Navy WAVES
1/35 Master Box Injection-Plastickit

青木改造人形是為了追求真實，改造手法則是以消除比例差異為主。鑑賞者會藉由陰影的精細度判別比例差異，打造出更細緻的飾品、頭髮與衣服皺褶，將能進一步凸顯精細度。再者，我們對於「人」其實都很敏感，製作人形時若能加入肌膚具備的質地，呈現上也會更顯真實。

追求逼真的頭髮

人們感受精細感的其中一項關鍵，就是頭髮的呈現。青木不是透過塗裝，而是直接運用纖維狀材質，重現頭髮質感。

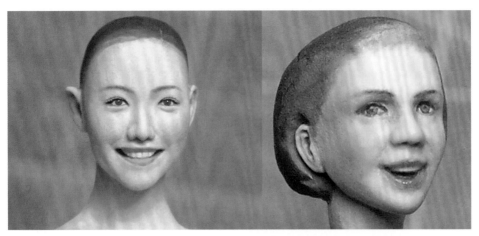

植髮前的狀態

超厲害的模型師，能夠透過筆跡帶來的顏色明暗變化呈現頭髮的纖維質感。不過，就算描繪出部分髮束隆起時所形成的深色陰影，一旦該處照射到光線，便會完全失效了。此外，細緻的髮尾更是無法透過塗裝展現，怎麼樣都贏不了真正的毛髮纖維。

整髮前

植髮成敗取決於是否能維持髮束，只要用水沾溼纖維就能整理出髮束。

先用木工白膠將每條髮束黏在頭皮上，雖然作業時也有注意髮流，不過梳開乾燥的髮束後，頭髮卻會呈現爆炸狀態——問題就在於取得的纖維。布偶用的化學纖維雖然最合適，但顏色與粗度卻非常多樣。因為很難找到極細的纖維，平常的材料搜索就變得相當重要。

整髮後

植髮前已沾溼的纖維，使用加熱筆往上捲，重現頭髮的翹曲波紋。整理頭髮時，用線剪前端剪掉爆炸的頭髮。梳整的方式是以畫筆沾取稀釋到非常薄的木工白膠，撫平頭髮表面，同時調整髮型與頭髮的亮度；髮量太多的話，也可趁此階段拔除些許頭髮，接著以沾水的畫筆重新撫平表面，便能順利梳整。

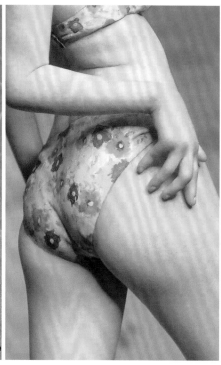

人類對於同胞擁有極為靈敏的觀察本領，如果只是單純塗上漂亮均勻的膚色，並不會讓觀者認為這是肌膚。仔細觀察會發現，人體實際的膚色並不勻稱，會帶有暗沉、斑點、皺紋、痣、血管，只是就整體而言看起來是勻稱的。首先要將最醒目的血管稍微描繪得誇張些，接著再以非常淡色調的塗料加以點繪表面，使血管更服貼。進行此作業時，壓克力顏料塗層的弱點反而得以正向發揮。

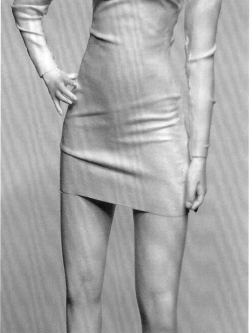

對原型師而言，要塑形出衣服皺褶是非常困難的課題。布料質地不同，皺褶形狀也會不同。就連中世紀的西洋畫界對此也相當頭疼，甚至聽說有人為了追求真實度，描繪出極為誇張的皺褶形狀。其實，最簡單的作法就是使用真正的衣服。左圖本身是裸體原型，原本沒穿著衣物。將塗料稍微噴在烘焙紙上，除了更容易掌握顏色外，還能營造出衣料硬挺的感覺，接著黏在身體上。右圖則預設是針織材質，使用的材料為橡膠手套，做出合適的皺褶並貼在身體上，用美工刀切掉多餘的部分後，再繼續黏貼下個區塊。

運用水性漆極致呈現牛仔褲

透過層塗加工展現衣物質地 & 水性漆的基本運用原則

海外各國近年雖然很流行水性塗料，不過多數的日本模型師似乎仍抱持敬而遠之的心態。這次太刀川卡二歐所使用的塗料，正是GSI Creos推出的ACRISION，接著將介紹ACRISION的特性，以及使用此塗料的How to專欄。

製作／太刀川カニオ
Modeled by Canio Tachikawa

■CASSIE
ZLPRA 1/20 樹脂灌模型組
CASSIE
ZLPRA 1/20 Resincast kit

ACRISION 是什麼樣的塗料？適合用在什麼類型的塗裝？

ACRISION的特性非常適合用來「層塗加工」。

不同於過去運用稀釋液，將緊鄰的琺瑯漆或油彩顏色邊界混合，作出漸層效果的技法，層塗加工是將稀釋後的塗料，以像是重疊透色膠帶的方式，把顏色一層層疊塗並透出下層的顏色，藉此呈現出漸層效果。Vallejo顏料雖然常搭配此技法，不過ACRISION的遮蔽性較差，能夠確實透出底色，所以就算上層塗裝的濃度調整失敗，也不容易暈開。再者，ACRISION只要乾燥後，便不會出現下層漆色透出上層漆膜的情況，因此能夠簡單地重疊顏色；萬一顏色不慎暈染開來，也能夠輕鬆補救。順帶一提，若是改用遮蔽性較強的基本色新產品來打底，更是能大幅改善作業難度。

不過，以層塗方式塗裝上層顏色時，如果沾到專用稀釋液，就有可能會侵蝕底色，如此一來便無法發揮上述的優勢。不僅如此，哪怕只用水也會因為受表面張力的影響，減損漆面的附著情況。這時可改用酒精水溶液或TAMIYA壓克力漆專用稀釋液來稀釋，將能大幅提升作業效率。這類稀釋液較不會侵蝕底漆，對於漆料滲開時的補救效果也比較好。

順帶一提，Vallejo顏料其實也經常使用於繪畫，因此業者推出的顏色種類豐富，能打造出如畫般的人形，因此也被人形塗裝師廣泛應用。為因應需求，目前ACRISION也有推出機械塗裝用產品的趨勢，只要未來基本色種類變多，想必也能成為人形塗裝的強大戰力。

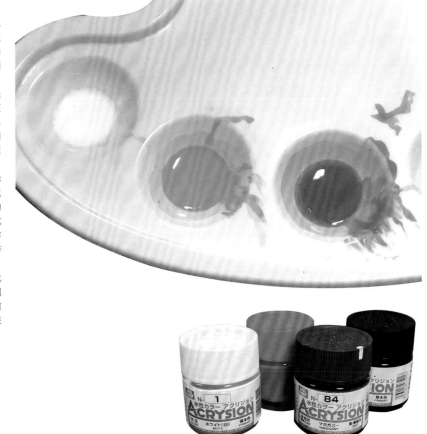

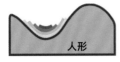

人形

◀層塗加工概念圖。

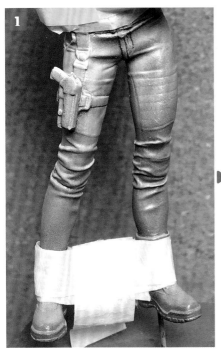

▲先使用噴筆，連同縫隙整個噴覆紅木色＋黑色，待乾燥後，再從光源方向（上方或斜方）噴白漆打底，並保留陰影的部分。

▲以藍色＋白色調出淡藍色，再用噴筆整個上色。接著使用再藍一點的淡藍色，從下往上噴出陰影。接著用白色由上往下噴出亮部，呈現出牛仔褲褪色的部分。

▲以畫筆塗上加了白色調整過濃淡的透明藍色，並以入墨線的要領，描繪出牛仔褲的紋樣。就算不慎形成斑痕，只要用酒精水溶液或TAMIYA壓克力漆專用稀釋液就能修正。

▲塗裝時，陰影的部分基本上要更藍，照射到光線的凸出部則是要更白。不過仔細觀察實際照片後，會發現描繪牛仔褲的訣竅在於必須掌握「陰影與磨損所形成的紋路」。

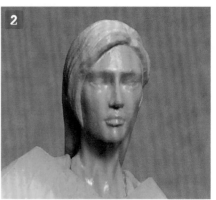

▲混合白＋黃＋橘＋紅，調配膚色。調色盤由左至右，分別為膚色＋白、膚色、膚色＋橘、膚色＋紅、膚色＋橘＋紅、紅木色。各色皆以酒精水溶液稀釋3～4倍，並在調色盤的空白處依需求隨時調配各種中間色。

▲先以噴筆漆上圖 **1** 的膚色＋紅作為基底。ACRISION 用畫筆塗裝時的遮蔽性雖然較差，但用噴筆時的效果還算可以。

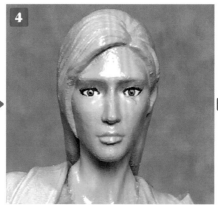

▲從光源方向（上方或斜方）噴塗膚色，但要保留陰影的部分，這樣便完成打底作業。之所以選擇亮光漆作業，其實也是為了避免顏色滲開。

▲描繪眼睛。壓克力漆的乾燥速度快，還在找該塗哪個位置時，畫筆很快就會乾掉了。因此描繪細部時，需要以專用的稀釋液作為緩乾劑。

▲雖然要用紅木色在最暗處加入陰影，但處理女性人形時，必須將陰影面積減至最少。五官深邃的外國人，陰影最深的位置是眼頭，接著是鼻子下方、嘴巴線條以及下唇下方等處。

▲以膚色＋白的調色塗裝亮部，如眉毛上方、鼻頭至鼻梁、顴骨上方、上唇兩側的上半部等處。

▲中間部分，則是塗上膚色與膚色＋橘色。鼻翼、上腮紅的臉頰，以及眼瞼等位置可再漆上膚色＋紅色，以增加紅潤感。

▲層塗的特色，在於光是上色一次並不會塗裝出明顯的顏色，也因此能呈現出細微的漸層效果，不過還是必須有耐心地重疊顏色。

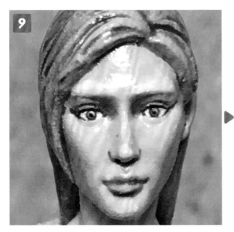

9

▲處理女性人形時，不能單純地強調造型的陰影，掌握如何和化妝一樣，讓臉部凹凸變化接近理想狀態可說是相當重要。

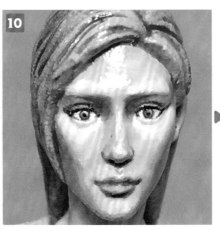

10

▲最亮與最暗的顏色差異程度雖然與男性人形相同，不過可稍微減少女性人形的暗部比例，藉由紅潤感呈現凹凸變化。

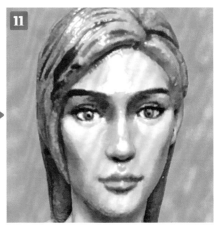

11

▲用紅木色描繪眉毛。接著在眉毛的綠色疊上膚色並加以暈染。塗裝嘴唇時，若能掌握「偏紅的膚色」，呈現上會更自然。

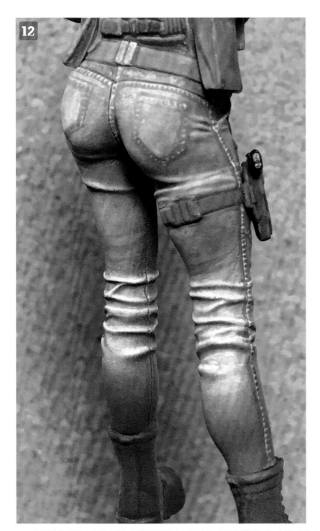

12

▲臉部雖然看起來非常光亮，不過只要噴上ACRISION的消光透明漆，就能完全去除光澤，因此不用太過擔心。噴塗量較多時顏色雖然會變白，但就是要利用這個特性，將牛仔褲塗裝成稍微偏白的感覺，才會有穿過的使用痕跡。

結合 Vallejo 顏料的化妝術

運用廣博好評的水性塗料
完成自己喜愛的人形

水性塗料因為沒什麼味道，甚至能放心地在客廳使用，所以近來相當受歡迎。這裡使用的是遮蔽表現相對較好、顏色種類多元的 Vallejo 顏料。擔任本作品塗裝的正是在軍事人形界廣獲好評的村上圭吾。

製作／村上圭吾
Modeled by Keigo Murakami

■ Belford MK 2
Nutsplanet 1/12 樹脂灌模模型組
Belford MK 2
Nutsplanet 1/12 Resincast kit

Vallejo 是什麼樣的塗料？

只要有畫筆和水，就能拿來塗裝上色的水性壓克力漆 Vallejo，不僅顏色種類豐富，價格更是親民。部分顏色的遮蔽性相對較強，因此算是相當好應用發揮的塗料。但是壓克力漆的漆膜強度不如硝基漆或油彩，所以觸摸時要相當注意。木製調色盤能大幅減緩塗料的乾燥速度，非常推薦各位嘗試看看。

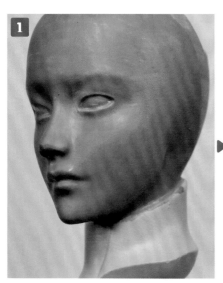

▲塗裝臉部時，要先以較深的肌膚色調，搭配不會殘留筆跡的濃度，重疊上色。陰影部分顏色較深、明亮處顏色較淺，待塗料乾燥後再次疊色。

▲在較深的肌膚色調加入蒼白膚色，並依前述要領塗裝，讓顏色慢慢變亮。塗裝的過程中，要掌握成品狀態時光源的方向。

▲在上述步驟調配的顏色中混入精靈膚色，讓顏色變得更亮，同時打造出人形的基礎形象。接著再慢慢稀釋塗料濃度，仔細疊塗。

4

▲如果已經清楚臉部想要打造的效果，那麼建議先從眼睛開始塗裝。若是不小心失敗，或是想要改變風格時，也較容易重新設定。這次決定讓人形看向正前方。

5

▲混合黑灰與墨褐，在膚色上稍微描繪出眼線與眉毛周圍，目標是打造出單眼皮美女。

6

▲仔細處理整個臉部的細節。雖然還是初步狀態，但因為最後階段要配合與其他部分的協調性才能進行，所以先暫時切換到塗裝頭髮的作業。

7

▲髮色我選擇了自己喜愛的金髮。先以Vallejo的墨褐色打底，無須太過在意此時的色塊。

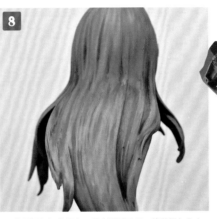

8

▲在墨褐色加入黃色，畫出漸層效果。接著再加入白色，仔細地塗繪亮部。最後再以非金屬漆來表現金屬（※註1）的要領，呈現出頭髮的亮澤。

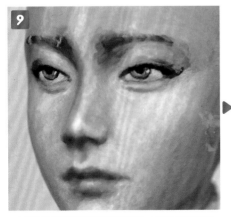

9

▲膚色添加稀釋得非常淡的紫紅色，接著重複塗繪眼尾、臉頰與嘴唇等處。顏色交界處可用膚色加以融合。塗裝時，不妨參考自己喜歡的插畫、畫作或照片，但也要避免太過執著於真實度。

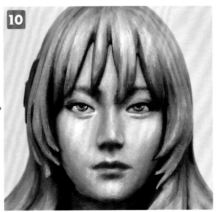

10

▲最後改用點繪的方式描繪。套上頭髮，邊確認照片，邊以前述步驟已使用過的顏色不斷重複塗繪修正，直到自己滿意為止。

※註1　以完全不使用金屬色的方式，來呈現金屬質感的技法。

我很喜歡手持龐大武器的女性，所以製作過程非常愉快。這次的前置作業很輕鬆，幾乎不太需要擔心零件的接合狀況或處理分模線，因此是在毫無壓力的狀態下開始塗裝。這個模型組的造型資訊量雖然充足，不過唯獨臉部的設計簡單，甚至能夠自由發揮，塗裝起來也會很有成就感。槍枝等機械造型同樣精湛到令人深感欽佩！是非常棒的模型組。

這裡只用了TAMIYA的精細底漆補土噴罐（淺灰色）打底，塗裝部分則是準備了Vallejo顏料、水與畫筆。槍枝與機械手臂等日常生活不太常見的物品，可以透過網路搜尋大量圖片，作為塗裝時的資料。參考自己喜歡的電影、動漫、插畫，塗裝出自己想要的作品也是非常重要的。

Nutsplanet的Trigger系列（本模型組也屬Trigger系列）增加不少類型的產品，希望未來能夠塗裝完所有的產品呢！

村上圭吾■

▲塗裝衣服的步驟要領幾乎與塗裝肌膚相同，差別只在於使用顏色不同。決定好底色後，幾乎都是使用消光漆。衣服的面積比臉部還要大，作業時要靜下心來，仔細重疊塗裝塗料，還要充分掌握材質的特性。

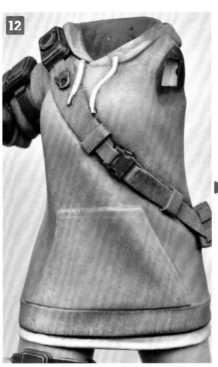

▲混合皇家紫色、藍色、白色，用筆尖輕點描繪。逐漸往細部塗裝邁進的同時，更要記得保留底色。塗裝其他部位時也必須保有耐心，讓成品接近自己想要的感覺。

▲以綠色打底，陰影處則塗上較深的綠色。接著漆上棕色與白色，呈現出尼龍布帶點柔和光澤的質地表現。

▲帶扣與金屬部分，先整個塗黑後，再加入藍灰色與白色，描繪出質感。塑膠材質選用消光漆，金屬處用白色營造出亮感的話效果會更好。

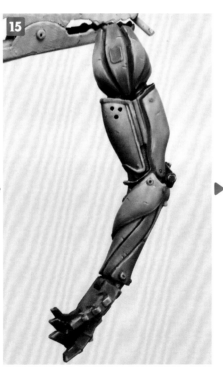

▲平時不太常見的物品可參考喜歡的電影、動漫或插畫，上色時會更容易掌握。以黑色、藍灰色、白色調配顏色進行塗裝。

▲這裡也是以黑色為底，搭配藍灰色與白色來塗裝。作業時要掌握到材質上的差異。

女性人形界巨匠——田川 弘的極致技藝

竟然可以發揮到如此極致！
為人形注入生命的大師級技藝

本書介紹的塗裝師一致表示「想看他的作品！」，而大家口中的他就是田川 弘。能把觀賞者拉進作品世界裡的魔力不僅來自於細膩的塗裝，更流露田川老師充分且深入構思人形背景的一面。

■貓與持槍女子
未按比例之樹脂灌模模型組（原型／小抹香Ke）
Cat and gungirl
Non-scale Resincast kit

製作／田川 弘
Modeled by Hiroshi Tagawa

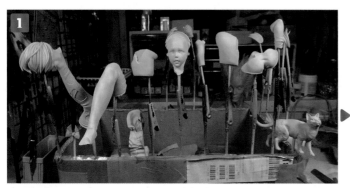

▲仔細做好打底處理後，整個噴覆GAIA EVO的粉紅色底漆補土。接著從上方45度的斜角，稍微噴上同系列的膚色底漆補土（目前已停賣）。此步驟的作業重點在於掌握人形的凹凸變化。

▲完成基本塗裝與第一層肌膚塗裝時的狀態。田川風格的畫法是不管眼白裡的黑眼珠長怎樣，一律都先把眼睛塗黑。這樣就能夠讓重疊於上方的眼白色調變得更沉穩。

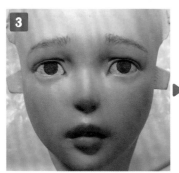

▲再畫上一層肌膚顏色時的狀態。利用乾燥機使塗料確實變乾，接著描繪眼白處與眉毛外圍。

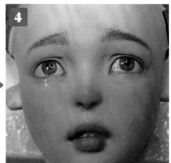

▲乾燥2天後的狀態。眼睛的部分再次塗裝眼白，並於黑眼珠繪入虹膜。繼續乾燥2天，完成虹膜時，再上層透明UV膠作保護。

▲田川作品的亮點之一在於種睫毛。取市面販售的假睫毛，剪下前端0.4～0.8mm的長度使用，並將透明UV膠當成接著劑來種睫毛。眼淚則是塗上透明亮光琺瑯漆來重現。田川便是反覆透過如此細膩的作業，為人形注入生命。

從田川大師的傑作
學習女性人形的塗裝要點

　　塗裝技術高超、打造出細緻的人形，這當然是最不可或缺的部分。不過，我們為何如此深受田川塗繪的人形所吸引呢？就連與田川相當熟稔的林浩己（P.56介紹的塗裝師）也覺得：「田川住在跟我們不一樣的世界（笑）。他總會想盡各種辦法把人形變得很可愛！這應該就是他對人形的愛吧。」田川大師在塗裝這尊人形之前，便先從模型組的第一印象去思考場景的設定，這個動作也是田川大師在製作所有人形時非常注重的環節。塗裝本作品時，他對這尊女人形主角同樣投入極深的情感，作業過程間還因為淚流不止，握著畫筆的手不斷顫抖，不得不多次暫停塗裝作業。正因為如此重視女性人形的製作，才會對作品投入滿滿的愛。為了回應這份愛，人形作品似乎也會散發出一股獨特的氛圍呢。

Armour Modelling 編輯部■

女性人形製作技法

Essential knowledge and skills of creating Female figure.

知っておきたい女性フィギュアのはじめかた
All Rights Reserved.
Copyright © Dainippon Kaiga 2019
Original Japanese edition published by Dainippon Kaiga Co., Ltd.
Complex Chinese translation rights arranged with Dainippon Kaiga Co., Ltd.
through Timo Associates, Inc., Japan and LEE's Literary Agency, Taiwan.
Complex Chinese edition published in 2021 by Maple House Cultural Publishing

出　　　版／楓書坊文化出版社
地　　　址／新北市板橋區信義路163巷3號10樓
郵 政 劃 撥／19907596　楓書坊文化出版社
網　　　址／www.maplebook.com.tw
電　　　話／02-2957-6096
傳　　　真／02-2957-6435
作　　　者／Armour modelling編輯部
翻　　　譯／蔡婷朱
責 任 編 輯／江婉瑄
內 文 排 版／謝政龍
港 澳 經 銷／泛華發行代理有限公司
定　　　價／380元
初 版 日 期／2021年2月

國家圖書館出版品預行編目資料

女性人形製作技法 / Armour modelling編輯
部作；蔡婷朱譯. -- 初版. -- 新北市：楓書坊文
化出版社, 2021.02　面；　公分

ISBN 978-986-377-652-9（平裝）

1. 玩具 2. 模型 3. 女性

479.8　　　　　　　　　　109019417